U0295864

“海洋梦”系列丛书

碧海鲸波

海洋能

“海洋梦”系列丛书编委会◎编

合肥工业大学出版社
HEFEI UNIVERSITY OF TECHNOLOGY PRESS

图书在版编目（CIP）数据

碧海鲸波：海洋能/“海洋梦”系列丛书编委会编．—合肥：合肥工业大学出版社，2015.9

ISBN 978-7-5650-2416-0

Ⅰ.①碧…　Ⅱ.①海…　Ⅲ.①海洋动力资源—普及读物　Ⅳ.①P743-49

中国版本图书馆CIP数据核字（2015）第210121号

碧海鲸波：海洋能

“海洋梦”系列丛书编委会　编　　　责任编辑　李潇潇　孟宪余

出　版	合肥工业大学出版社	版　次	2015年9月第1版
地　址	合肥市屯溪路193号	印　次	2015年9月第1次印刷
邮　编	230009	开　本	710毫米×1000毫米　1/16
电　话	总　编　室：0551-62903038	印　张	12.75
	市场营销部：0551-62903198	字　数	200千字
网　址	www.hfutpress.com.cn	印　刷	三河市燕春印务有限公司
E-mail	hfutpress@163.com	发　行	全国新华书店

ISBN 978-7-5650-2416-0　　　定价：25.80元

目　录

碧海鲸波——海洋能

第一章　潮起潮落生电能：潮汐能

第二章　海流湍急好发电：海流能

第七章　人类最后的资源宝库：海洋资源

第一章
潮起潮落生电能：潮汐能

凡是到过海边的人们，都会看到海水有一种周期性的涨落现象：到了一定时间，海水推波助澜，迅猛上涨，达到高潮；过后一些时间，上涨的海水又自行退去，留下一片沙滩，出现低潮。如此循环重复，永不停息。海水的这种运动现象就是潮汐。潮汐为人类的航海、捕捞和晒盐提供了方便。同时，它也可以带来巨大能量，形成可供人类利用的潮汐能。

第一节　跌宕起伏的潮汐

潮起潮落的起因

潮汐虽有规律，但很复杂，随时间、地域的不同而变化着。长期以来，有关潮汐的成因，尚无十分精确的解释。多数学者认为(也被大家所接受)，潮汐是月球、太阳和其他星体对地球的引力(主要指对海水的引力)以及地球的自转所形成的，由于这些力的作用从而导致了海水的相对运动。牛顿的万有引力定律告诉我们：任何2个物体之间都存在着相互吸引的力，吸引力的大小和这2个物体的质量的乘积成正比，而与2个物体之间的距离的平方成反比。把万有引力定律运用到地球和其他天体之间存在的引力关系上时，可以把地球本身的质量看作不变的。因此，吸引力与天体的质量成正比，与地球到天体的距离的平方成反比。大家都知道，地球围绕着太阳转，月球围绕着地球转。太阳的质量虽然比月球的质量大得多，但是，月球与地球的距离却比太阳与地球的距离小得多，用牛顿万有引力公式计算得到的结果可以证明，月球的引力远大于太阳的引力，而其他天体对地球的引力则是很微弱的。所以说，月球的引力是形成潮汐的主要成因。潮汐现象主要是随月球的运动而变化的。

到海边看潮汐

潮汐现象是海水在天体（主要是月球和太阳）引潮力作用下所产生的周期性运动，习惯上把海面垂直方向的涨落称为潮汐，而海水在

水平方向的流动称为潮流。潮汐是沿海地区的一种自然现象，古代称白天的河海涌水为“潮”，晚上的称为“汐”，合称为“潮汐”。潮汐是一种周期现象，在潮汐升降的一个周期中，海面升到最高位置时称为高潮；海面降到最低位置时称为低潮。从低潮到高潮的过程中，海面不断升涨称为涨潮。自高潮到低潮的过程中，海面逐渐下落称为落潮。两相邻高低潮水位之差称为潮差，潮差每天不等，其平均值成为平均潮差。在涨潮或落潮中，当水位达到高潮或低潮时，海面有短时间不涨也不落，此段时间分别称为平潮和停潮。

潮汐的军事利用

潮汐是由于日月引潮力的作用，使地球上的海水产生周期性的涨落现象。它不仅可发电、捕鱼、产盐及发展航运、海洋生物养殖，而且对于很多军事行动有重要影响。历史上就有许多成功利用潮汐规律而取胜的战例。1661 年 4 月 21 日，郑成功率领 2.5 万名将士从金门岛出发，到达澎湖列岛，进入台湾攻打赤崁城。郑成功率领军队乘着涨潮航道变宽且深时，攻其不备，顺流迅速通过鹿耳门，在禾寮港登陆，直奔赤崁城，一举登陆成功。

潮汐的涨落现象因时因地而异，从涨落的周期来看，可以把潮汐分为三种：

（1）半日潮

潮汐的涨落在 24.8 小时 (天文学上称为“1 个太阴日”) 内有 2 个

涨潮现象

周期，出现2次高潮和2次低潮，半日完成1个周期。半日潮的相邻2个潮差几乎相等；涨、落潮时也几乎相同。我国黄海、东海沿岸多数港口属半日潮海区。

（2）全日潮

1个太阴日内仅出现1次高潮和1次低潮，即1日内只完成1个周期。

（3）混合潮

每个太阴日内，涨、落潮2次和涨、落潮1次混杂地出现，这种潮汐称为混合潮。混合潮的相邻2个潮差及相邻的2个涨、落潮时也不一定相等。我国南海多数地区属于混合潮。

潮汐除了半日或全日的变化外，还有较长的周期变化，其中最明显的周期为半个太阴月，即14.7天，在此期间潮差在最大值和最小值之间变化1周。

天体带来的潮汐现象

一般而言，大洋、外海的潮差较小，愈近海岸潮差愈大，尤其是在伸入陆地的海湾，潮差从湾口向湾顶递增，海湾两岸呈对称分布。河口地区的潮差因流河而异一般大的河口，凡呈喇叭状的，潮差由口门往里逐渐增大，甚至形成涌

月球与地球

海湾摄影图

潮，其他河口一般是由口门往里潮差渐小。

潮汐不仅有地域的差别，在同一地点还明显地随时间变化。月球在绕地球运行的过程中，由于相对于地球和太阳位置的变化，在一个太阴月中会出现盈亏圆缺的变化，称月相变化。因此，半日潮的潮幅在半个太阴月中具有最显著的变化，其间潮幅由最大值变化到最小值，而且这些最大值也往往不相同。

由于运动着的地球、月球和太阳的相对位置存在着多种周期性变化，所以由月球和太阳引潮力产生的潮汐也存在多种周期组合在一起的复杂周期性变化，从而产生了潮汐各种周期性的不等现象。

1. 日不等现象

实际的潮汐振动在一个太阴日(24.8 小时)中两个潮的高低潮和潮差不相等，涨潮时和落潮时也不相等，这种不规则现象称为日不等现象。高潮中比较高的一个叫高高潮，比较低的叫低高潮；低潮中比较低的叫低低潮，潮高的叫高低潮。

当月球赤纬不为零时，除赤道和高纬地区外，地球上其他各点半日潮部分与全日潮部分叠加，便出现潮汐日不等现象。随着月球赤纬的增大，全日潮成分增大，日不等现象也增大。当月球赤纬最大(月亮直射南、北回归线)时，日不等现象最显著,此时半日潮部分最小，日潮部分最大，这时的潮汐称回归潮。当月球赤纬为零(月亮直射赤道)时，除南北两极附近外，各地潮汐全日潮部分为零,半日潮部分最大，一个太阴日内有两涨两落，无日不等现象，赤道上潮差最大，越接近两极潮差越小，这时的潮汐称赤道潮(又称分点潮)。

2. 月不等现象

由于月球绕地球运动的轨道为椭圆，地球位于椭圆的一个焦点上，月球从近地点出发，经过远地点又回到近地点，需要一个近点月（27.554 6 天），因此就产生了潮汐的月不等现象。月球离地球近时潮差较大，相应的潮汐为近地潮；月球离地球远时潮差较小，相应的潮汐为远地潮。月球轨道的偏心率较大，月地距离在近地点时为 57

个地球半径，在远地点时为64个地球半径，引潮力大小与距离的三次方成反比，近地潮比远地潮大39.1%。

3. 年不等现象

地球环绕太阳运动的轨道也为椭圆，太阳位于椭圆的一个焦点上，地球从近日点出发，经过远日点又回到近日点，需要一个近点年（165.2596天）由于地球距太阳的远近变化，就产生了潮汐的年不等现象。地球位于近日点时，太阳引潮力最大，相应的潮汐称近日潮；地球位于远日时,太阳引潮力最小，相应的潮汐称远日潮。由于太阳潮汐称近潮的一半，而且地球轨道的偏心率较小，所以太阳潮的这种变化不甚明显。太阳赤纬的变化，同样对潮汐产生影响。所不同的是，因为太阳潮小于太阴潮，太阳赤纬的变化产生的潮汐变化不像赤道潮与回归潮那样来得明显。每年在春分和秋分前后，太阳赤纬最小，如果月球此时出现在赤道附近，则潮汐不等现象不显著，相应的潮汐称分点大潮（又称二分潮）；而在夏至和等冬至前后，太阳赤纬最大，若此时月球赤纬较大，则混淆不等现象最大，相应的潮汐称至点大潮（又称二至潮）。

月球绕地轨道

4. 多年不等现象

由于月球运行轨道的近地点是移动的,每隔8.85年完成一周。同时，月球运行轨道和地球运行轨道的相交点也是在地球运行轨道上缓慢移动，每隔18.61年完成一周。因此，潮汐还存在多年不等现象。

第二节　潮汐能与潮汐发电

威力无穷的潮汐能

潮汐能是以位能形态出现的海洋能。海水涨落的潮汐现象是由地球和天体运动以及它们之间的相互作用而引起的。月球对地球的引力方向指向月球中心，其大小因地而异。同时，地表的海水又受到地球运动离心力的作用，月球引力和离心力的合力正是引起海水涨落的引潮力。除月球外，太阳和其他天体对地球同样会产生引潮力。虽然太阳的质量比月球大得多，但太阳离地球的距离也比月球与地球之间的距离大得多，所以，其引潮力还不到月球引潮力的一半。其他天体或因远离地球，或因质量太小，因此所产生的引潮力微不足道。如果用万有引力计算，月球所产生的最大引潮力可使海水面升高 0.563 米，太阳引潮力的作用为 0.246 米，但实际的潮差却比上述计算值大得多。如我国杭州湾的最大潮差达 8.93 米，北美加拿大芬地湾最大潮差达 19.6 米。这种实际与计算的差别目前尚无确切的解释。一般认为海水的自由振动频率与受迫振动频率一致而导致的共振会使潮差显著

杭州湾跨海大桥

增大。海水水位具有按照类似与正弦的规律随时间反复变化的性质，水位达到最高状态，称为满潮；水位落到最低状态，称为干潮；满潮与干潮两者的水位差称为潮差。海洋潮汐的涨落变化形成了一种可供人们利用的海洋能量。

21世纪潮汐发电成为潮流

世界上适于建设潮汐电站的20多处地方，各国都在研究、设计建设潮汐电站。其中包括：美国阿拉斯加州的库克湾、加拿大芬地湾、英国塞文河口、阿根廷圣约瑟湾、澳大利亚达尔文范迪门湾、印度坎贝河口、俄罗斯远东鄂霍茨克海品仁湾、韩国仁川湾等地。随着技术进步，潮汐发电成本的不断降低。进入21世纪，将不断会有大型现代潮汐电站建成使用。

分布广泛的潮汐能

1. 全球的潮汐能分布

早期的一些研究成果，将全球海洋在沿岸耗损的潮汐能功率 $(10 \sim 14) \times 10^8$ 千瓦，视为潮汐能的理论储量。并且，用沿岸潮能耗损的量值作为确定潮汐电站最佳地点的参考。然而，后来的研究表明，潮汐能与河川水能并不完全相同。潮汐能具有许多特性，首先是潮汐能与潮流过程有关，其次将潮波耗散能量与理论储量混为一谈是不合理的。这一点在对比两个形状相同、面积大小一样的海湾（只是其中一个海湾内能量耗损剧烈，且集中在海湾顶部，而另一个则没有能量耗损）后，就显而易见了。

在自然条件下，从外海传来的潮波相同，在第一个海湾中潮汐接近前进波，而在第二个海湾中却发生驻波。但是在离湾顶相同距离处建坝后，能量耗损地段就可能消除。这样两个海湾内的条件就会变得相同，而且大坝外侧会形成同样的潮汐波动，因而这就确定了两个潮汐电站完全相同的运行方式和发电量。所以，自然耗损的能量与所期望的潮汐电站功率特性之间并无

秦皇岛港口

直接联系。而且在许多情况下（在自然耗散能量很小时），潮汐电站所获得的能量比在自然条件下因摩擦而耗损的能量要多得多。例如，法国的朗斯河口自然摩擦耗损的能量功率仅为 6×10^4 千瓦，而朗斯潮汐电站利用该喇叭口潮能的实际功率达 24×10^4 千瓦。由此可见，潮波在近岸耗散的能量不能作为潮汐电站功率估计的依据。建潮汐电站获得的能量比自然情况下的潮能耗损大的原因，首先是建潮汐电站后潮波的波形发生了变化，其次是电站通过人工调节潮能，可以完全避免流速与潮水位之间的相位差，这时流速最大值与水位的最高值同时出现。这种调节效果的物理本质就好像将潮汐能从海洋中抽到浅海中，并将其集中用在潮汐电站上。许多研究质能等的结论认为，全球潮汐能理论储量大于小潮波在大陆架上耗散的功率 17×10^8 千瓦，而接近潮波在海洋中总耗散的功率 24×10^8 千瓦。

据伯恩斯坦统计，全世界运行、设计、研究及建设的潮汐电站共139座，按调查和设计资料统计这些电站的总装机容量为 8×10^8 千瓦，年发电量为 2×10^{12} 千瓦小时。占全球潮汐能总功率的27%（取全球潮汐能总功率为 30×10^{12} 千瓦/小时）。

黄河三角洲旅游区

2. 我国潮汐分布

（1）海岸类型分布

我国海岸的形态和成因类型多种多样，按海岸地质地貌特征划分，主要有基岩海岸、平原海岸和生物海岸三类。

①基岩海岸。基岩海岸又称港湾海岸，主要由地质构造活动及波浪作用形成。沿岸波浪能量大，作用强烈，是塑造海岸的主要动力。其特征是山地直接临海，地势险峻，海岸曲折，多有伸入陆地的天然港湾，岬湾相间，岸滩狭窄，水下岸坡较陡，深水逼岸。沿岸基岩岛屿众多，常在沿岸及湾口一带形成水深流急的水道，也常使湾口或岬角深水岸段受到一定程度的掩护。海岸带的潮上带往往基岩裸露，潮下带沉积物由砾石和粗砂组成。此类海岸主要分布在北起辽东半岛南部的大洋河口，向西绕过辽东半岛南端至辽河口附近，小凌河口至河北秦皇岛，山东半岛北部莱州市虎头崖向东，绕过山东半岛顶部至江苏连云港附近，浙江镇海角以南经福建至广东、广西岸段，以及台湾东岸和海南岛东南岸段。此类海岸具有开发潮汐能资源的良好地质条件。

②平原海岸。平原海岸主要由江河携带入海的泥沙在风浪和沿岸流作用下形成。潮流是塑造此类海岸的主要动力因素，波浪作用较弱，仅作用在岸外较远处，岸外有很宽的破波带。此类海岸由厚而松散的沉积物组成，主要成分是细粉砂、极细粉砂和黏土等。此类海岸线比较平直单调，岸上地带平坦，潮间带宽阔，沿岸湾少水浅，缺乏天然良港和岛屿，多沙洲、浅滩。平原海岸又可分为以下三类：河口三角洲海岸，主要分布在大河入海处，如辽河、黄河、长江、钱塘江和珠江等河口附近。此类海岸的特征是地势平坦，沿岸水浅坡缓，海岸组成物质较细。在北方多为向海突出的弧状三角洲，在南方多为海湾型三角洲；沙砾质海岸，主要分布于辽宁黄龙尾至盖平角、小凌河以西，河北大清河口以东，福建闽江口以南，台湾岛西岸，广东大亚湾以东和漠阳江以西，海南岛和广西沿岸。其特征是海岸组成物质以粗粒级为主，岸滩和水下岸坡远较淤泥质海岸陡，海滩一般较狭窄，仅几十米至几百米；淤泥质海岸，主要分布在辽东湾、渤海湾、莱州湾、苏北、长江口、浙江至闽江口以北的港湾和珠江口等岸段。其特征是海岸组成物质较细，一般海滩宽度大坡度小，滩宽几千米至几十千米。

③生物海岸。生物海岸又分为

塘沽风景

珊瑚海岸和红树林海岸两种。珊瑚海岸是指由珊瑚的骨骸聚积而成的礁石海岸。主要分布于南海诸岛、雷州半岛，海南岛东北和西北部沿岸也有断续分布；红树林海岸主要分布在福建福鼎以南经泉州湾至广东珠江口以西部分岸段，此外广西钦州湾一带也有断续分布。

以上几种海岸以基岩港湾海岸适合作潮汐电站的海湾最多，其次是河口三角洲海岸和沙砾质海岸。仅就海岸条件而言，自浙江杭州湾口南岸的镇海至广东雷州半岛东岸和辽东半岛、山东半岛的基岩港湾类海岸最为适合潮汐能的资源开发利用。

（2）潮汐类型分布

我国近海的潮汐主要由太平洋传入的潮波引起，主要分为两个分支，一支经日本九州和我国台湾之间水域进入东海，其中小部分进入台湾海峡，而绝大部分向西北方向传播，引起黄海、渤海的潮振动；另一支通过巴士海峡传入南海，形成南海的潮波。潮波在传播过程中，由于受地球偏转力以及海底轮廓的影响，变得因地而异，所以我国沿岸各地的潮汐类型多样，潮差各异。

我国沿岸的潮汐类型以正规半日潮为主，黄海、东海绝大部分沿岸为正规半日潮，南海、渤海沿岸

有不正规半日潮,也有正规全日潮。

我国渤海的潮汐分布

渤海沿岸潮汐类型较为复杂。大体而言，以不正规半日潮为主，另有小范围的正规全日潮和不正规全日潮。从旅顺至团山角的整个辽东湾、渤海湾及莱州湾皆为不正规半日潮；秦皇岛及其以东的部分水域和黄河三角洲神仙沟以南的局部水域为正规全日潮；两个正规全日潮水域的两侧为不正规全日潮。湾口南部的镇海、穿山至舟山岛定海之间的部分水域为不正规半日潮；台湾海峡的潮汐类型以福建浮头湾－澎湖－台湾湖口一线为界，以北为正规半日潮；以南为不正规半日潮。

（3）潮差分布

我国海域潮差分布的总趋势是东海最大，黄海、渤海其次，南海最小。东海外侧小、内侧大，内侧南部最大；黄海中央小、沿岸大，而且东侧大、西侧小；渤海中央小、湾顶大、湾口小；南海中部小、北部大，北部湾北端最大。

①渤海沿岸。辽东湾顶部潮差最大，营口 2.7 米；渤海湾顶部潮差次之，塘沽 2.5 米；其他岸段潮差较小，龙口 0.9 米；渤海海峡 1 米左右；秦皇岛附近潮差最小 0.7 米。

②黄海沿岸。辽东半岛南部沿岸自西向东潮差逐渐增大，大连 2.1 米，至东端达最大，赵氏沟 4.0 米；山东半岛北部潮差较小，烟台 1.7 米，顶部潮差最小，成山头 0.7 米，南岸自东北向西南潮差逐渐增大，乳山口 2.4 米，青岛 2.8 米，石臼所 3.0 米，至海州湾顶连云港潮差最大 3.4 米；苏北沿岸潮差北部小，南部大，北部至射阳河口潮差最小，再向南又渐增，弶港至小洋口附近潮差最大，小洋口 4.29 米，小洋口外最大潮差达 9.28 米 (1980 年实测)，为我国最大潮差的极值。再向南渐减，至吕四 3.82 米。

③东海沿岸。由北向南潮差渐增，长江口至石浦潮差中等 2.4 ~ 3.5 米。其中，杭州湾口南岸宁波镇海至舟山群岛的定海一带潮差最小，仅 2 米左右。杭州湾自湾口向西潮差渐增，金山嘴 4.0 米、澉浦 5.5 米，最大潮差达 8.93 米；浙江的三门湾至福建的泉州湾为我国潮差最大的岸段，一般潮差 4.0 米以上。其中乐清湾、沙埕港、三都澳、兴化湾顶部均在 5.0 米以上，最大潮差分别为 8.39 米、7.80 米、8.54 米和 8.73

米；围头湾向南潮差渐小，厦门3.9米、东山2.3米。台湾省沿岸潮差西岸较大，东岸次之，南北两端小；西岸自淡水至新港一带潮差在2米以上，东岸1米左右，南北两端仅在0.8米左右。

④南海沿岸。南海沿岸的潮汐类型较为复杂，以不正规半日潮和正规全日潮为主，有一定范围的不正规全日潮。广东大部分沿岸为不正规半日潮；广西、雷州半岛西岸、海南岛感恩角至新盈港为正规全日潮；海南岛铜鼓咀至莺歌海、东沙、西沙和南沙群岛沿岸为不正规全日潮。

总之，我国沿岸潮差以东海沿岸最大，其次是辽东半岛南岸东部和北部湾东北部沿岸及江苏南部部分岸段。特别是浙江的三门湾至福建的泉州湾一带是我国潮差最大、潮汐能资源最富集的地区，并且有良好的开发环境条件。但我国沿岸的潮差在全世界的潮差中属于中等，我国沿岸平均潮差和最大潮差最大值约为世界潮差最大地区的一半。世界上潮差最大的地区平均潮差和最大潮差可达8 ~ 10米和17 ~ 18米，而我国东海潮差最大的地区仅5米和8 ~ 9米。

夕阳下的泉州湾

水库

一涨一落能发电

1. 潮汐能发电原理

潮汐能利用可分为两种形式：一是利用潮汐的动能，直接利用潮流前进的力量来推动水车、水泵或水轮机发电；二是利用潮汐的位能，在电站上下游有落差时引水发电。由于利用潮汐的动能比较困难，效率又低，所以，潮汐发电多采用后一种形式，即利用潮汐的位能。

潮汐位能发电的工作原理和一般的水力发电原理是相近的。它是利用潮水的涨落产生的水位差所具有的势能来发电，也就是把海水涨落的能量变为机械能，再把机械能变为电能的过程。一般采取把靠海的河口或海湾用一条大坝与大海分开，形成天然水库，发电机组安装在拦海大坝里，利用潮汐涨落的位差能来推动水力涡轮发电机组发电。它的特点是涨潮和落潮过程中水流方向相反，双向推动水力涡轮转动，且水流速度也有变化。这一点虽给潮汐发电带来技术上的一些特殊困难，但可通过调节控制水库流量和用电气线路转变的方法得到解决。而它的优点也在于不受洪水、枯水的水文因素影响，功率反而比较稳定。

2. 潮汐能发电形式

潮汐能发电站的发电原理与反击式水轮机发电类似，它的大坝建在河口或海湾处，将外海与水库隔开，库中的海水由涨潮时灌入，落潮时库中的海水再流向外海。潮汐能发电站的建设方案有 10 种左右，有单库单向式、单库双向式、双库式、发电结合抽水蓄能式等，这里只介绍经常应用的四种。

（1）单库单向式发电站

这种潮汐发电站仅建造 1 个水库调节进出水量，安装单向水轮发电机组，在落潮或涨潮时发电。因落潮发电可利用的水库容量和水位差比涨潮大，故一般采用落潮发电方式。在一个潮汐周期内，电站依充水、等候、发电和等候四个工况运行。

充水工况：停止发电，开启水库，海侧上涨的潮水经水闸和水轮机进入水库，至库内外水位齐平为止。

等候工况：关闭水闸，水轮机停止过水，水库水位保持不变。海侧水位因落潮逐渐下降，直至水库内外水位差达到机组启动水头。

发电工况：机组发电，水库水位逐渐下降至与海侧水位差小于机组发电所需的最低水头。

等候工况：机组停机，也不让过水。水库水位保持不变，海侧水位因涨潮逐渐上升，至水库两侧水位齐平，转入下一周期。

单库单向式发电站只需建造一道坝堤，并且水轮发电机组仅需满足单方向通水发电的要求即可，因而发电设备的结构和建筑物都比较简单，投资较少。但是，因为这样电站只能在落潮时单方向发电，所以每日发电时间较短，发电量较

水轮发电机组

少。在每天有2次潮汐涨、落的地方、平均每天仅可发电9 ~ 11小时，使潮汐能得不到充分的利用，一般电站效率（潮汐能利用率）仅为22%。

（2）单库双向式发电站

单库双向式潮汐能发电站与单库单向式潮汐能发电站一样，也只有一个水库，但不管是涨潮还是落潮均在发电。涨潮时外海水位要高于水库水位，落潮时水库水位要高于外海水位，通过控制，在使内外水位差大于水轮发电机所需要的最小水头时才能发电。若保证涨潮、落潮均能发电，一是采用双向水轮发电机组，以适应涨潮、落潮时相反的水流方向；二是建造适于水流变向的流通结构。我国最大的潮汐电站，位于浙江省温岭市乐清湾的江夏潮汐电站（年发电量为10.7×10^6千瓦·小时）为单库双向式。机组水阀“开”为运转发电；机组水阀“过水”为只过水不运转发电。

三峡泄洪闸

由于单库双向式电站在涨潮、落潮过程中均能发电，因此，每日发电时间延至14 ~ 16小时，较充分地利用了潮汐能量，电站效率可提高至34%。

（3）双库（高、低库）式发电站

这种潮汐发电方式需要建造两个互相毗连的水库。其中一个水库设进水闸，仅在潮水位比库内水位高时引水进库；另一个水库设泄水闸，仅在潮水位比库内水位低时泄出水库。如此一来，前一个水库的水位始终较后一个水库的水位高。故前者称为高位水库，后者则称为低位水库。高位水库与低位水库之间终日保持着水位差，双向水轮发电机组放置于两水库之间的隔坝内，水流即可终日通过水轮发电机组不间断地发电。浙江乐清湾中部的海山潮汐发电站（装机容量150千瓦）就采用双库式发电。

（4）发电结合抽水蓄能式发电站

在潮汐电站水库水位与潮位接近而且水头小时，用电网的电力抽水蓄能。涨潮时将海水抽入水库，

落潮时将库内的水往海中抽，以增加发电时的有效水头，提高发电量。

按正规半日周期潮计，单库单向式每昼夜发电2次，平均日发电9～11小时；单库双向式每昼夜发电4次，平均日发电14～16小时，发电时间和发电量均比单库单向式多，但由于要兼顾正反两向发电，发电平均效率比单库单向式低，而且机组结构较复杂。目前国内外研究认为，双库造价昂贵，单库落潮发电较好。但何种方式最佳，要根据当地潮型、潮差、地形条件、电力系统负荷要求、发电设备的组成、建筑材料和施工条件等技术经济指标进行选择。

3. 潮汐电站组成

潮汐电站工程主要由电站建筑物和机电设备组成。电站建筑物主要有堤坝、泄水闸和发电厂房等，有通航要求的潮汐电站还应设置船闸。

（1）堤坝

用来将水库与外海隔开，形成落差。多用海上围堰法筑黏土心墙坝、堆石坝和土坝。因筑于海上，施工条件恶劣，因此，国外使用预制混凝土浮运沉箱法筑坝建站。

（2）泄水闸

用来对水库泄水和充水。闸型一般采用平原地区挡潮闸常用的胸墙孔口平底堰闸。近几年，我国发展了预制浮运闸，这种闸是先预制好各种闸门构件，由船浮运到建闸地点，定点沉放安装而成。施工时不用围堰或在岸上开挖，施工方法简单，工程量少，投资少，在我国沿海大量使用。

（3）发电厂房

发电厂房包括水轮发电机组、输配电设备、起重设备、中央控制室、下层水流通道和闸门等。

4. 潮汐电站的特殊技术

（1）防腐防蚀

潮汐电站在海洋环境中与河川电站不同，金属材料很容易被海水腐蚀，在结构物上又有海生物附着。为此，常采用防腐涂料和阴极保护措施，并选用耐腐蚀材料，有时还要采取人工清污。

实践证明，环氧沥青防腐涂料比较经济实用；以氧化亚铜为主的防污漆可避免海洋生物附着；用氯化橡胶涂覆在金属物构件和钢筋混凝土的表面，可使灯泡体、流道和喇叭口能减轻污损。

外加电流阴极保护是在被保护的金属物上安装若干辅助阳极，通过海水组成回路，使被保护体处于阴极状态，当阴极电位达到负0.8

伏特时，金属物即得到保护。阴极保护特别适用于涂料容易脱落的活动部分，如闸门、闸槽等。

通常在不易涂覆防腐涂料或外加电流阴极保护的地方，如海水管路、水轮机的密封、钢闸门和闸槽等处，也可采用辅助阳极法的防腐措施。对于涂料易磨损或冲刷的地方，可采用电解海水的办法进行防污。当采用上述防污措施有困难时，只好进行机械清污或人工清污，并配以化学防污，这主要适用于钢筋混凝土闸门槽和某些构件的死角处。

潮汐电站的防淤排淤

潮汐电站往往由于泥沙淤积于水库或尾水区而影响运行。目前防淤的方法主要有：加设防淤海堤或沉沙池。对于已经形成的淤积现象，排淤的办法是集中水头冲刷，设置冲沙闸或高低闸门。也有用机械耙沙的办法，在落潮时掀起库底的淤沙，使它随潮水排出水库。对于特别严重的淤积现象，则只有采用挖沙的办法，同时采用防淤的补救措施。

（2）潮汐电站与综合利用

潮汐电站与其他形式的发电站的区别之一，就是综合利用条件较好。一些潮汐能丰富的国家，都在进行潮汐能发电的研究工作，使潮汐电站的开发技术趋于成熟，建设投资有所降低。现已建成的国内外具有现代化水平的潮汐电站，大都

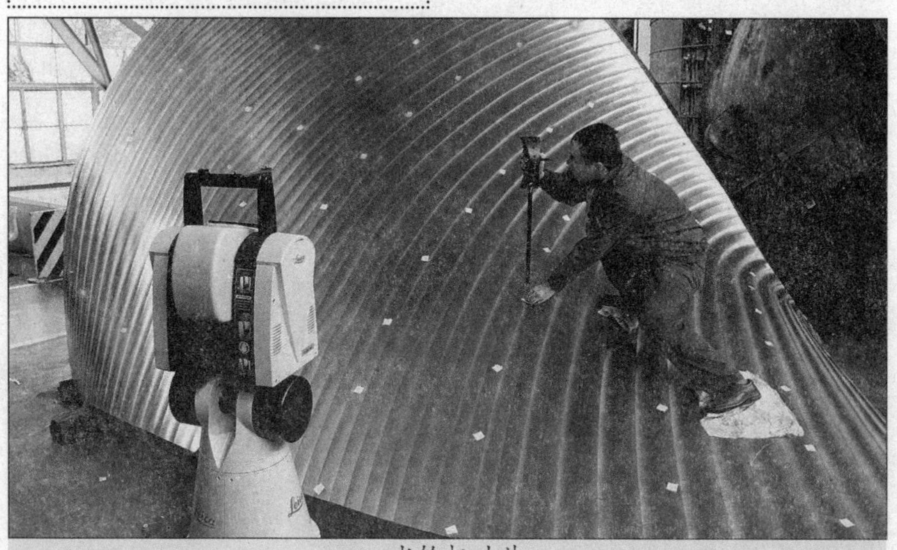
水轮机叶片

采用单库双向型。

亦喜亦忧的潮汐发电

1. 经济条件

潮汐电站的千瓦装机容量的投资费用较高，其成本与潮差的平方成反比。潮汐电站发电的间歇性造成了电站容量因子低，这也是千瓦时成本高的原因之一。堰坝长度与库区面积之比以及堰坝高度都与电站的土建工程成本有着直接的关系。由于各个坝址的上述因素是不一样的，因此，各个电站的投资成本也不尽相同。但是无论如何，潮汐电站都是一种高投资能源。

潮汐电站在经济上是否有生命力，取决于站址的选择以及用电市场中其他能源的成本。这里所讲的生命力并不是要求潮汐发电在各种能源中成本最低，而只是要求它在某些电力市场中是最低廉的。由于水力发电能力有限，而核电又是基本负荷电源，因此潮汐发电的主要竞争对手是煤、油或燃气等热电站。利率是影响潮汐发电成本的重要因素。除了利率和未计入内部成本的社会成本外，碳水化合物燃料的价格及其上涨率和通货膨胀率也是影响竞争力的主要因素。大型项目所受到的制约更大些。大型项目投资大，研制建造周期长，再加上一些其他的隐含因素，因此除了政府部

拦潮坝

门外，其他单位一般是没有能力为这种大型项目投资的。

2. 环境影响与效益

潮汐电站会改变潮差和潮流，还会改变海水温度和水质，其改变程度的大小取决于电站规模与地理位置。据预测，加拿大芬迪湾潮汐电站项目会使几百千米内的沿海潮差受到影响。各个电站的效益和影响因地而异，并且有一部分会相互抵消。拦潮坝对水库区生态既有有利影响，也有不利影响。例如，它会为水产养殖提供适宜的条件，但同时也会对地下水和排水等带来不利影响，并会加剧海岸侵蚀。

3. 开发潜力

在某些地区，已对潮汐电站的坝址开展了详细的调查研究，而且对开发潮汐能的兴趣越来越大。在英国，如果建造潮汐电站项目由公用事业部门承担，而且投资成本的年贴现率可达到5%的话，全英国最理想的河口每年至少可以提供约200亿度的电(其成本为3.5～4便士/度，合5～6美分/度)也许每年还可以再提供80亿度的电(其成本低于5便士/度，合7.5美分/度)。但是，大型拦潮坝投资大，建造工期长，因此融资方式对电站发电成本影响很大。如果潮汐电站由私人企业提供资金，并且投资成本的年贴现率为10%，最好的河口潮汐电站的发电成本也将会翻番，即发电成本将会增至7～8便士/度(合10～12美分/度)。这是拦潮坝型电站项目缺乏吸引力的另一个原因。俄罗斯一直在积极评估白海和鄂霍次克海的潮汐能资源开发潜力，并且计划在建造一个试验潮汐电站，用于试验为图古尔站址设计的新型水轮机。古尔图河口将是俄罗斯第一个要开发的大型站址。俄罗斯还计划在2015～2020年期间在梅津河口建造1.5万兆瓦的大型潮汐电站。

加拿大芬迪湾的开发潜力

加拿大芬迪湾有许多可供开发潮汐能资源的站址，其中坎伯兰湾目前尚不具备竞争力，米纳斯湾在经济上虽然很有吸引力，但会对美国缅因湾沿海地区造成无法接受的影响。据加拿大农业经济研究学会估算，开发坎伯兰湾站址的投资成本约为1319美元/千瓦，再加上513美元/千瓦的输电费，另外如果利用泵水储能方法调整发电时间(称为“重新安排输出时间”)还需要花费

922 美元，这样最后输出电力的平均成本约为 6.8 ~ 7.6 美分 / 度。在米纳斯湾，电站投资成本约为 995 美元 / 千瓦，输电费约为 224 美元 / 千瓦，通过储存电力来重新调整输电时间后的输出电力的平均成本约为 49 美分 / 千瓦。

我国的东南沿海也具有相当大的潮汐能开发潜力。我国潮汐资源 92% 以上的潮汐能集中在能源消耗量大、最缺能源的沿岸——华东地区；其中 99.3% 集中在福建、浙江和上海一带，可装机容量达 1900 多万千瓦。特别应该指出，在这个地区有三个被认为最有可能大规模开发潮汐电站的地点，即长江北口、钱塘江和乐清湾。这三个地点测算装机容量可达 600 万千瓦，占该地区潮汐能源总量的 31.1%。其中，长江北口的潮汐能开发，装机容量可达 90 万千瓦，年发电量 26.4 亿度，可与新安江水电站的发电能力相媲美；而钱塘江潮汐能开发，装机容量约为 396 万千瓦，年发电量达 100 亿度以上，超过葛洲坝水电站的能力。如果加以开发利用，不仅可以大大缓解华东地区的电力紧张，而且将有力促进沪、杭、宁经济三角区的繁荣。此外，我国沿海还有一些潮差较大 (3 ~ 4 米) 的地带，根据勘测计算，其潮汐能资源开发条件也较优越，这些地区如浙江省有 254.2 万千瓦，山东省有 1.52 万千瓦，广东省有 69.3 万千瓦，广西壮族自治区有 25.5 万千瓦，都有开发利用潜力。如果我们对今后的潮汐发电进行预测时，以不太理想的条件为前提，并假定今后仍奉行当前的政策，即潮汐电站投资成本今后仅略有下降，实际利率为 5%，那么预测结果是：在规定的研究项目的期限内，英国、加拿大和俄罗斯的一些站址会得到开发，到 2020 年，这些潮汐电站的年发电量将达 12 亿千瓦 · 小时。

潮汐能发电有“潜力”

1. 国外潮汐能发电的现状与发展前景

很久以前，人类就开始了对潮汐能利用的探索。远在 11 ~ 12 世纪，法国、英国等沿海地区就出现了潮汐能水磨。到了 18 世纪，在俄国阿尔汉格尔斯克海滨有了以潮汐能为动力的锯木厂。19 世纪末，法国工程师布洛克首先提出了 1 个在易北河下游兴建潮汐发电站的设计构想。1912 年，德国率先在石勒苏益格荷

葛洲坝水电站

尔斯太因州的苏姆湾建成了世界上第1座小型潮汐能发电站；接着，法国在布列太尼半岛兴建了1座容量为1865千瓦的潮汐能发电站。以后，潮汐资源丰富的国家，包括法国、英国、前苏联、加拿大、美国等，都进行了潮汐发电的开发。现在，世界上已建成的较著名的潮汐电站有法国圣马洛湾的朗斯潮汐电站，装机容量240兆瓦，年设计发电量5.44亿千瓦时，1967年投入运行；前苏联乌拉湾中的基斯拉雅潮汐试验电站，装机容量400千瓦，1968年投入运行；加拿大芬迪湾的安纳波利斯潮汐电站，装机容量20兆瓦，1984年投入运行。目前，潮汐能发电是海洋能中技术最成熟和利用规模最大的一种，全世界潮汐电站的总装机容量为265兆瓦，年发电量约达6亿千瓦时。现在，潮汐能开发的趋势是机组大型化，因此各国计划建设不少大型潮汐电站，如加拿大芬迪湾装机4000兆瓦电站，英国塞文河口的7200兆瓦电站，韩国装机400兆瓦的加露林湾电站，还有印度卡奇湾电站等。预计到2030年，世界潮汐电站的年发电总量将达600亿千瓦时。各国在规划、筹建的同时，努力进一步解决海工建筑物的结构形式和施工方法问题，松软坝基的处理和防渗问题，建筑物抗台风问题，新型机组的研制问题，防腐、防淤、防污、排淤和综合利用问题，随着潮汐电站建设成本的逐步降低，一批新型的大中型潮汐电站将会陆续建成。

2. 我国潮汐能发电的现状与发展前景

我国潮汐能利用的近代发展，

始于20世纪50年代后期。在1956年，在福建省福州市郊建起浚边潮汐水轮泵站，以潮汐能为动力扬水灌田54小时平方米。利用潮汐能来发电，则是从1958年开始的。就其发展进程，大体可分为三个阶段。

我国古代对潮汐的利用

我国利用潮汐能历史可追溯到距今1000多年前，当时就有了潮汐磨（在山东蓬莱地区发现）。潮汐能还应用于桥梁的施工，据史料记载，在宋朝修建的洛阳桥（在福建泉州），人们就是利用潮汐能量搬动石料，置巨石于木筏上，趁涨潮时，把木筏移动到施工安装地点，随着潮位下降，巨石完整无损地落在预定位置。

（1）第一阶段

1958年前后，在广东、江苏、辽宁、福建、山东和上海等省、市的海滨，先后建造了上百处小型潮汐电站，但因当时急于求成、选址不当、设备简陋，加上管理不善等原因，基本上陆续报废了。只有稍后建成的浙江温岭沙山潮汐电站，是唯一延续正常运行的电站，为解决当地农户的生活和生产用电起到

肆虐海洋的台风

了良好的作用。

(2) 第二阶段

这个阶段是指20世纪70年代，现有的潮汐电站多数都是在这段时间建成或始建。在20世纪70年代，先后开工兴建的潮汐电站有浙江的江厦、高塘、岳浦、兵营、洞头、海山电站；山东的白沙口、金港电站；江苏的浏河电站；广东的镇口、沙抓电站；广西的果子山等电站。这阶段所兴建的潮汐电站的共同特点是装机规模多为百余千瓦到数百千瓦，比前阶段兴建的电站大了一个数量级。另一特点是设计、施工和选用设备均比较正规，因而运行的可靠性一般较高。

(3) 第三阶段

这个阶段是指20世纪80年代初到现在的30多年时间。1983年，沿海各省、市先后提出了本地潮汐能资源新的普查成果报告，由于计算方法上的改进，使得资源量统计比以前更加精确了。这次普查的汇总成果确认我国可开发潮汐能资源的装机容量为2158万千瓦。

江厦潮汐电站曾于1972年开始兴建，1980年首台机组发电；1983年，将二期工程列为国家“六五”期间科技攻关项目，电站得以在1985年全面建成。电站装机5台，

江厦潮汐发电站

总容量达3200千瓦，这一成就把我国运行中的潮汐电站装机规模提高了一个数量级。2005年国家科技部将新型潮汐发电机组研制课题列入国家“863计划”项目，利用江厦电站已有的6号机坑及流道，设计、制造、安装1台新型的双向卧轴灯泡贯流式水泵水轮发电／电动机组。此预留的第六个机坑，已于2007年在国电龙源集团公司和“863计划”支持下，研制安装了一台700千瓦的新型机组，并于2007年9月正式并网发电，使总装机容量达到3900千瓦。单机容量500千瓦和700千瓦的灯泡贯流式水轮发电机组全由我国自己研制。

之后，福建省1座兆瓦级潮汐电站——平潭县幸福洋潮汐电站于1984年10月动工，至1989年5月建成，为福建省今后开发潮汐能资源积累了新经验。

第三节　著名的潮汐能发电站

朗斯潮汐电站

朗斯潮汐电站是迄今为止世界上正在运行的装机容量最大的(24万千瓦)潮汐能发电站。该电站位于法国西北部英吉利海峡沿岸，圣马洛湾的郎斯河口南2.5千米处。

英吉利海峡

该处最大潮差达13.5米，是世界上著名的大潮差地点之一，这样的潮差和地形条件对于建设潮汐电站非常理想。

朗斯潮汐电站于1961年元月动工，1966年11月26日由戴高乐总统主持工程落成典礼，1967年12月4日，最后1台机组投入运行。朗斯潮汐电站工程主要包括以下几个部分。

①发电站厂房及发电机组。厂房与挡水坝是结合的建筑物，厂房内安装24台灯泡贯流式发电机组，具有正、反向发电，正、反向抽水，正、反向泄水6个工况运行性能，每台机组容量为1万千瓦，总装机容量为24万千瓦。厂房也具有挡水作用；水流通过灯泡贯流式水轮发电机组进、出水库，推动机组转动发电。

②堆石坝。堆石坝与厂房毗连，

因朗斯河较宽，堆石坝与厂房共同拦挡河水。

③泄水闸。泄水闸位于堆石坝东侧，用以控制进、出水库的水量。

④船闸。船闸位于厂房的西侧，朗斯河与海峡航行的船只可由此通过。

上述建筑物将海湾与内河隔开，并形成了一个面积为22千平方米大水库，蓄水量最大可达1.84亿立方米。

这个工程对环境的影响是良好的。在拦河坝体上修筑的车道公路使圣马洛和迪纳尔之间的交通变得十分方便。在夏季，每月的最大通车量达50万辆。这个工程对于旅游者有很大的吸引力，每年前去游览的游客达20多万人。拦河坝有效地把这个河口变成人工控制的湖泊，大大改善了驾驶游艇、防汛和防浪的条件。

白沙口潮汐电站

白沙口潮汐电站位于山东半岛南岸，乳山城南20千米，利用白沙口湾的湾顶泻湖，围成电站水库，以单库单向发电方式并网运行。电站总装机容量为960千瓦，设计年发电量为232万度。电站库区面积虽有3.2千平方米，但因库底平坦开阔，水深较浅，只相当于0.5千平方米的不露滩库区。最大库容

人工湖泊

黄海之滨景观

204万立方米，中潮库容155万立方米，小潮库容103万立方米，死库容20万立方米。在水库上游原有白沙河流入，其流域面积有40千平方米，汛期从上游挟带大量泥沙入库，年库内淤积量达3万立方米，为延长水库寿命，已将流域面积约30千平方米的河段拦截，直接入海。白沙口地处黄海之滨，潮型属正规半日混合潮，平均潮差为2.39米，最大潮差为3.95米。相应地选用设计水头为1.2米，最大工作水头为2.14米。单机流量为13.2米。电站于1970年末动工兴建，至1973年末水工建筑物基本竣工，6台机组分三期投入运行。1978年8月1日，第1号、2号机组投入运行，1983年4月3号、4号投入运行，于1987年9月1日，6台机组全部投入运行。电站并入烟台电网运行。为防止机组飞逸事故，设有水阻器，保护机组安全。原设计发电起始水头为0.5米，实际当水头为0.3米时，机组可空载运转，当水头为0.4米时，单机出力有10千瓦。

电站前期存在的首要问题是泥沙淤积较为严重。由于电站进水口尾水渠所处地理位置，风向和流向自东向西和自海向陆，海底和沿岸泥沙在波浪和潮流作用下发生向岸和沿岸迁移，堆积成丘，直接阻挡电站进、泄水流。因尾水渠泥沙淤积，缩小出力断面，使尾水位抬高，严重影响电站出力。后来在海侧修筑了一道防护堤，使泥沙淤积问题基本得到控制。

白沙口潮汐发电站，自1978年正式投入运行以来，已成功运行了30多年。

江厦潮汐电站

江厦潮汐电站是我国目前最大的潮汐电站，位于浙江省温岭市乐清湾顶端支汊江厦港。该站始建于1972年10月，1980年5月土建部分竣工，首台机组发电，1985年12月建成，是1座单库双向潮汐能发电站。站内配置500千瓦机组1台、

600 千瓦机组 1 台、700 千瓦机组 3 台，总装机容量为 3200 千瓦。5 台水轮发电机全为灯泡贯流式机组，设计年发电量为 10.7×10^6 千瓦·小时。水库面积为 1600 平方米，在正常蓄水位以下的库容为 514 万立方米，发电有效库容为 336 万立方米，防洪库容（设计洪水位至正常蓄水位）为 136.5 万立方米。

江厦潮汐电站兼有围垦、养殖和交通等综合效益。库内围涂面积为 373 小时平方米（1 小时平方米等于 104 平方米），其中可耕地 267 小时平方米已全部开发，主要种植柑橘、水稻，少量种植西红柿、豆类和棉花，围区内有部分水面发展对虾养殖。在电站库区 160 小时平方米水面，发展鱼、虾和贝类养殖，产量可观。江厦潮汐电站的建造与运行，为我国利用潮汐能发电提供了较为全面的技术与管理经验，并为发展多种经营开拓出新路子。

海山潮汐电站

海山潮汐电站位于浙江乐清湾中部，茅埏岛南端，在玉环县境内，系双库潮汐电站，配有小型抽水蓄能电站，能连续发电。该站于 1973 年 7 月开始兴建，1975 年末开始发电。后经 1979 年和 1984 年 2 次扩建，使高位水库（上库）面积达 27 小时平方米，低位水库（下库）面积为 2.6 小时平方米，中间水库面积很小，只有 10 平方米，设置中间水库的目

围垦作业

的是实现水流换向的需要。目前，该潮汐电站有2台水轮发电机组，总装机容量为75千瓦 ×2=150千瓦。海山潮汐电站在经营管理、综合利用方面做的比较突出。电站虽小，却给全岛居民照明、抽水灌溉、粮食和饲料加、发展水产养殖业等诸方面，带来了良好的效益。

岳浦潮汐电站

岳浦潮汐电站位于浙江省三门湾口的南田岛，属象山县境。临山边海滩，筑堤围成水库，库面积21.3千平方米，可蓄水40万立方米。电站装机4台，总容量为300千瓦，以单库单向发电方式运行。当地平均潮差为3.6米，最大潮差6.5米。电站主要工程包括厂房800米长堤坝、净宽3米 ×3米的进水闸及10千瓦输电线路4千米等。

电站于1970年开工建设，1971年11月建成。建站主要目的为河水抽入海涂水库存蓄提供动力，同时兼顾照明和乡镇企业用电。

你知道吗

岳浦潮汐电站带来的好处

建站前，遇旱年，所有乡有55万千平方米水田旱稻减产，晚

三门湾美景

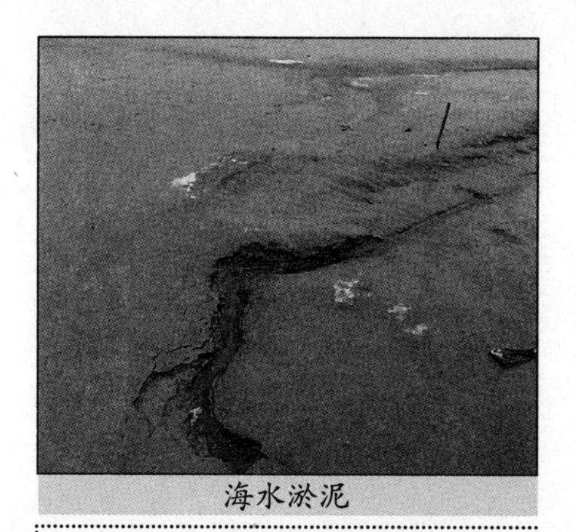
海水淤泥

稻无收。电站建成后，每年抽水入库存蓄水量180万立方米，使水田抗旱能力从42天提高到80天，连年获得增产。利用抽水剩余电力，扶植了十余家乡办工厂。

刚开始电站配有745.7瓦的柴油机供驱动发电机，以保证非潮汐发电时间用户照明和工厂用电。1981年11月，大电网送电入岛，电价大幅度下调，出于经济上和管理上的原因，电站停止运行，1983年4月由国家有关部门组织专家组对电站进行考察以后，促进了当地部门对电站现状的重视，在电站人员努力和水电部门帮助下，终于在1983年12月22日电站与大电网并网，恢复运行。并网以后，电站的发电量不再受用户的限制，使潮汐能资源得到充分利用，在一定程度上弥补了因电价下调带来的损失。

电站水库泥沙淤积甚少，据测定，10年之中，淤积高度在15～30厘米。据电站人员分析，主要原因在于：海水来自石浦港，其挟带泥沙一般较少；发电量未达到设计指标，水库吞吐量相应减少，且多系较清的上层水入库；在进水口以下有一条百余米长的引河，从外海挟带的泥沙沿程落淤一部分；在管理上采取避沙峰运行，即遇浪大、水浑时不开闸进水，让高含沙量海水不能入库。电站恢复运行后不久，即着手更新陈旧的机组，由制造厂家承担研制的可调桨轴伸贯流式水轮机组未能如期成功，虽然电站停止发电，但仍然保留恢复运行的基本条件。

甘竹滩洪潮电站

甘竹滩洪潮电站位于广东省顺德区郊区，在广东省西江下游与甘竹溪汇合口处，距西江入海口80千米，甘竹溪贯通西江与北江并通大海，所以既受西、北江洪水的影响，也受海向潮汐的影响，所以叫洪潮电站，既有发电又有泄洪功能。该电站分二期施工，第一期为左岸，200千瓦机组10台与右岸500吨级船闸同时建造。共装机2000千瓦，

为单向竖井贯流式机组，直径3米。第二期工程于河中偏右，250千瓦机组12台，共装机3000千瓦。第一、二期工程总装机5000千瓦。电站特点是泄洪量大，在有限的坝址长度内，在发电厂房布置了双层和三层结构；在发电厂房上部布置泄水闸，又在发电厂房下部布置了泄水孔，既可泄水又可冲沙，以解决库内泥沙淤积之忧。

该电站施工与河床式电站相同，筑围堰、旱地施工，电站建于岩基上，由县级地方组织自行设计与施工。

该电站是利用洪水和潮水双方面水力资源的微水头电站，其设计水头为1.27米，最低利用水头为0.3米，最高利用水头为1.8米。电站于1971年始建，由当地自行设计、施工和制造设备。到1974年全面投产，年平均利用小时2400 ~ 2600小时，年供电1200万度。建设总投资为1100余万元。据建成后前14年的资料统计，电站平均年发电量为1030万度，年电量的多少主要受制于雨量的地区分布，年电量最多在1979年，达到1450万度，最少在1984年，仅有700万度。

电站还利用自身优势，经营机修厂、加工厂和商业公司等。

甘竹滩潮汐电站虽以利用河川水能为主，但其机组因利用水头特别低而简化了结构，并大量采用混凝土代用构件以达到低造价，颇适合于潮汐电站借鉴。同时也有力地证明在水能资源并不丰富的地区，迫于电力的需求，采取有偿贷款和群众集资也能建起电站，只要经营得法，作为微水头电站是有偿还能力的。

第二章
海流湍急好发电：海流能

海洋中的海流喧嚣不已、看似毫无规律，其实海洋深处的涌动是有迹可循的，它使海洋充满了“活力”。各种各样的海流，携带着所经之地的热量或营养物质，影响着气候和海洋环境，给人类的活动带来了影响。同时，湍急的海流也带来了绿色清洁的海流能。现在形势之下，世界各国都在积极开发利用海流能。

第一节　永不停息的海流

奔腾不息的海流

海流又称洋流，是海水因热辐射、蒸发、降水、冷缩等而形成密度不同的水团，再加上风应力、地转偏向力、引潮力等作用而大规模相对稳定的流动，它是海水的普遍运动形式之一。海洋里有着许多海流，每条海流终年沿着比较固定的路线流动。它像人体的血液循环一样，把整个世界大洋联系在一起，使整个世界大洋得以保持其各种水文、化学要素的长期相对稳定。海

洋流卫星图

洋里那些比较大的海流，多是由强劲而稳定的风吹刮起来的。这种由风直接产生的海流叫做“风海流”，也有人叫做“漂流”。由于海水密度分布不均匀而产生的海水流动，称为“密度流”，也叫“梯度流”或“地转流”。海洋中最著名的海流是黑潮和湾流。由于海水的连续性和不可压缩性，一个地方的海水流走了，相临海区的海水就流入补充，这样就产生了补偿流。补偿流既有水平方向的,也有垂直方向的。

湾流的由来

“湾流”这一名称，是指从墨西哥湾发源的洋流。最初见于美国著名学者和发明家B. 富兰克林组织编绘的北大西洋海流图。但是现在对于“湾流”所包括的范围，各方说法不完全一致。广义的说法，是指从墨西哥湾开始沿北美洲东岸北上，然后向东横贯大西洋，至欧洲西北沿岸，最后穿过挪威海进入北冰洋的整个暖流系统。在海洋学上，湾流系统一般被分为三个组成部分。其中，“湾流”仅指这个系统的主体段，即从美国东岸哈特勒斯角向东至纽芬兰浅滩流势最盛的一段洋流；哈特勒斯角以南为起始段（有人认为只限在佛罗里达海峡以内），称为佛罗里达海流；纽芬兰浅滩以东为延续段，称为北大西洋暖流。

海流按其水温低于或高于所流经的海域水温，可分为寒流和暖流两种，前者来自水温低处，后者来自水温高处。表层海流的水平流速从几厘米 / 秒到 300 厘米 / 秒，深处的水平流速则在 10 厘米 / 秒以下。海流以流去的方向作为流向，恰和风向的定义相反。

1. 海流按其成因大致可分为以下几类：

①漂流，它是由风的拖曳效应形成的海流。

②地转流，在忽略湍流摩擦力作用的海洋中，海水水平压强梯度力和水平地转偏向力平衡时的稳定海流。

③潮流，海洋潮汐在涨落的同时，还有周期性的水平流动，这种水平流动称为潮流。

④补偿流，由另一海域的海水流来补充海水流失而形成的海流。有水平补偿流和垂直补偿流。

⑤河川泄流，由于河川径流的入海，在河口附近的海区所引起的海水流动称为河川泄流。

黄河入海口

⑥裂流，海浪由外海向海岸传播至波浪破碎带破碎时产生的由岸向深水方向的海流。

⑦顺岸流，海浪由外海向海岸传播至破碎带破碎后产生的一支平行于海岸运动的海流。

2. 奇妙的海流成因

海流形成的原因很多，但归纳起来不外乎两种。第一是海面上的风力驱动，形成风生海流。由于海水运动中黏滞性对动量的消耗，这种流动随深度的增大而减弱，直至小到可以忽略，其所涉及的深度通常只为几百米，相对于几千米深的大洋而言是一薄层。海流形成的第二种原因是海水的温盐变化。因为海水密度的分布与变化直接受温度、盐度的支配，而密度的分布又决定了海洋压力场的结构。实际海洋中的等压面往往是倾斜的，即等压面与等势面并不一致，这就在水平方向上产生了一种引起海水流动的力，从而导致了海流的形成。另外海面上的增密效应又可直接引起海水在铅直方向上的运动。

海流会带来什么

海流对海洋中多种物理过程、化学过程、生物过程和地质过程，以及对海洋上空的气候和天气的形成及变化，都有影响和制约的作用，

主要表现在：

第一，暖流对沿岸气候有增温增湿作用，寒流对沿岸气候有降温减湿作用。

第二，寒暖流交汇的海区，海水受到扰动，可以将下层营养盐类带到表层，有利于鱼类大量繁殖，为鱼类提供诱饵；两种海流还可以形成“水障”，阻碍鱼类活动，使得鱼群集中,易于形成大规模渔场，如纽芬兰渔场和日本北海道渔场；有些海区受离岸风影响，深层海水上涌把大量的营养物质带到表层，从而形成渔场，如秘鲁渔场。

第三，海轮顺海流航行可以节约燃料，加快速度。暖寒流相遇，往往形成海雾，对海上航行不利。此外，每海流从北极地区携带冰山南下，给海上航运造成较大威胁。

第四，海流还可以把近海的污染物质携带到其他海域，有利于污染的扩散，加快净化速度。但是，其他海域也可能因此受到污染，使污染范围更大。

第二节　巨大的海流能

世界海流能资源分布

通常，人们所讲的海流主要有暖海流和寒海流，比如，从我国台湾附近向北流的暖海流，我们叫台湾暖流，而日本则叫日本暖流。这股海流盐分重、水色深蓝，从高空俯视大海，就会发现蔚蓝的大海里仿佛飘着一根黑色绸带似的，因而科学上常称这股海流为“黑潮”。

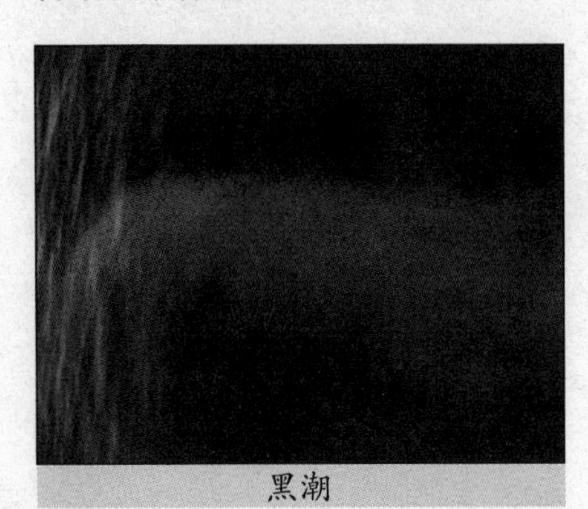

黑潮

但对世界海流的分布还是有着科学的说法。

一般来讲，世界海流主要有南极海流、北赤道海流、北大西洋海流和北太平洋海流。其中环绕着南极大陆并向北扩展达到南纬40°的广阔流系。这里的海水总是不断地向东流去，主要是所有这些海流，都受着东南信风的强烈影响，因而要比派生出它们的西风漂流本身更狭窄，流得也更快。在北纬10°和20°之间的北大西洋和北太平洋赤道地带，有一股宽阔而流动缓慢的北赤道海流向西流动的北赤道海流，但其多数属于季风漂流，会随着风向而改变洋流的方向。大致在北纬40°附近，湾流和黑潮开始转向东方，分别形成北大西洋海流和北太平洋海流。北大西洋的巨大环流，它的大部分并不转向南面，而是沿

着欧洲海岸继续向北流动，其中有一小部分折回西面，形成了冰岛以南的依尔明格海流，其余的部分进入北冰洋，成为挪威海流。北太平洋海流则有一部分转向北方，变成阿拉斯加海流。

以上就是世界主要海流的大致分布情况。如此看来，海洋里的河流，完全像陆地上的河流，纵横交错，川流不息，人们虽说对它已经有了比较正确的认识，但要确切地说出它的详情，实在比陆地上的河流要复杂多了。

丰富的海流能资源

海流能是指海水流动的动能。海流主要是指海底水道和海峡中较为稳定的流动以及由于潮汐导致的有规律的海水流动。其中一种是海水环流，是指大量的海水从一个海域长距离地流向另一个海域。海水环流通常由以下两种因素引起：

首先，海面上常年吹着方向不变的风，如赤道南侧常年吹着不变的东南风，而其北侧则是不变的东北风。风吹动海水，使水表面运动起来，而水的动性又将这种运动传到海水深处。随着深度增加，海水流动速度降低；有时流动方向也会随着深度增加而逐渐改变，甚至出现下层海水流动方向与表层海水流动方向相反的情况。在太平洋和大西洋的南北两半部以及印度洋的南半部，占主导地位的风系造成了一个广阔的，也是按逆时钟方向旋转的海水环流。在低纬度和中纬度海域，风是形成海流的主要动力。

其次，不同海域的海水其温度和含盐度常常不同，它们会影响海水的密度。海水温度越高，含盐量越低，海水密度就越小。这种两个邻近海域海水密度不同也会造成海水环流。海水流动会产生巨大的能量。

海流能的能量与流速的平方和流量成正比。相对波浪而言，海流能的变化要平稳且有规律得多。潮流能随潮汐的涨落每天2次改变大小和方向。一般来说，最大流速在2米/秒以上的水道，其海流能均有实际开发的价值。现在，全世界海流能的理论估算值约为50亿千瓦。

我国海流能资源分布

1. 我国沿海的海流大体可分为三大流系：

①黄海、渤海流系。辽东沿岸

雷州半岛俯瞰图

同进入该海域的黄海暖流及其余脉组成黄海、渤海环流系统。

②东海流系。浙闽沿岸流在春、秋、冬三季沿长江口以南岸线流向西南；而在夏季随长江冲淡水流向东北。

③南海流系。在春、秋、冬三季浙闽沿岸流经台湾海峡进入南海，与广东沿岸流汇合一起流向西南，在珠江和雷州半岛之间形成“逆时针环流”。在夏季，广东沿岸流则汇合珠江冲淡水流向东北。

2. 中国近海潮流分布特点：

① 渤海潮流以半日潮流为主。流速一般为 0.5 ~ 10 米 / 秒，最强的潮流出现于老铁山水道附近，可达 1.5 ~ 2.0 米 / 秒；辽东湾次之，为 1.0 米 / 秒；莱州湾则仅为 0.5 米 / 秒左右。

②黄海的潮流大都为正规半日潮，仅在渤海海峡及烟台近海为不正规全日潮流。流速一般是东部大于西部。朝鲜半岛两岸的一些水道，曾观测到 4.8 米 / 秒的强流。黄海西部强流区出现在老铁山水道、成山角附近，达 1.5 米 / 秒左右，吕叫、小洋口及斗龙港咀南水域，则可达 2.5 米 / 秒以上。

黄海

黄海是太平洋西部的一个边缘海，位于中国大陆与朝鲜半岛

之间。黄海平均水深44米，海底平缓，为东亚大陆架的一部分。西临山东半岛和苏北平原，东边是朝鲜半岛，北端是辽东半岛。黄海面积约为38万平方千米，最深处在黄海东南部，约为140米。海洋学家按照黄海的自然地理等特征，习惯上将黄海分为北黄海和南黄海。

③东海潮流，在东海的西部大多为正规半日潮流，东部则主要为不正规半日潮流，台湾海峡和对马海峡分别为正规和不正规半日潮流。潮流流速近岸大，远岸小。闽、浙沿岸可达1.5米／秒，长江口、杭州湾、舟山群岛附近为中国沿岸潮流最强区，可高达3.0～3.5米／秒以上，如岱山海域的龟山水道，潮流速度高达4米／秒。九州西岸的某些海峡，水道中的流速也可达3.0米／秒左右。

④南海潮流较弱，大部分海域潮流流速不到0.5米／秒。北部湾强流区，也不过1米／秒左右，琼州海峡潮流最强可达2.5米／秒。南海以全日潮流为主，则全日潮流显著大于半日潮流，仅在广东沿岸以不正规半日潮流占优势。

琼州海峡跨海大桥

第三节　海流能开发乐园

海流能开发现状

把海流能转化成人类生活生产所需的电能是人类孜孜追求的重要课题，人们期盼着早日迎来海流发电变为现实。世界上从事海流能开发的主要有美国、英国、加拿大、日本、意大利和中国等。最早系统地探讨利用海流能发电是在美国1974年召开的专题讨论会上，1975年日本率先对黑潮动能发电进行调研活动。

1973年，美国试验了一种名为“科里奥利斯”的巨型海流发电装置。该装置在海流流速为2.3米/秒条件下，该装置获得8.3万千瓦的功率，后来称之为“浅没管道式水轮机”。此后，日本、加拿大、美国、英国就海流能发电提出了若干方案。这些方案包括漂浮螺旋桨式、固定旋桨式、浮螺旋桨式、立式转子式、漂浮伞式、动力坝、电磁式等多种海流发电转换装置。美国于1985年在佛罗里达的墨西哥湾流中试验小型海流透平。2千瓦的装置被悬吊在研究船下50米处。加拿大也进行了类似于达里厄型垂直风机的海流透平试验，试验机组为5千瓦。但整个80年代较成功的海流项目也许是日本大学于1980~1982年在河流中进行的直径为3米的河流抽水试验，以及1988年在海底安装的直径为1.5米，装机容量3.5千瓦的达里厄海流机组，该装置连续运行了近1年的时间。

我国自20世纪70年代来，舟山的何世钧自发地进行海流能开发，仅用几千元钱建造了一个试验装置并得到了6.3千瓦的电力输出。80

海流发电装置叶轮

年代初，哈尔滨工程大学开始研究一种直叶片的新型海流透平，获得较高的效率并于 1984 年完成 60 瓦模型的实验室研究，之后开发出千瓦级装置在河流中进行试验。

海流能开发起源

海流能开发利用主要还是发电，特别是在近年能源的极大短缺制约了世界各国经济发展和人民生活水平提高的情况下，海流能开发利用受到许多国家的重视。1973 年，美国试验了一种名为“科里奥利斯”的巨型海流发电装置。该装置为管道式水轮发电机。机组长 110 米，管道口直径 170 米，安装在海面下 30 米处。在海流流速为 2.3 米 / 秒条件下，该装置获得 8.3 万千瓦的功率。日本、加拿大也在大力研究试验海流发电技术。

我国西沙、南沙及其他远离大陆的岛屿,完全依靠大陆供应能源，供应线过长，导致生产生活困难。然而，我国大陆沿岸和海岛附近蕴藏丰富的海流能，至今却未得到有效的开发。对这种可再生能源进行研究和开发利用，可以为我国沿海及海岛农村提供新能源，对保持海

洋经济社会的持续、稳定、协调发展意义重大。

海流能开发的新时代

全球海洋的海流能资源储量迄今尚未见全面具体估算的文献，粗略估计理论功率为 $1\times10^{8}\sim50\times10^{8}$ 千瓦，可利用功率约为 1000×10^{4} 千瓦。关于海流能资源的调查估算，主要有美国对佛罗里达海流和日本对黑潮的研究。

中国海域辽阔，既有风海流，又有密度流；既有沿岸海流，也有深海海流。这些海流的流速多在每小时 0.9 千米，流量变化不大，而且流向比较稳定。可以产生大量的海流能，它们将为发展我国沿海地区工业提供充足而廉价的电力。值得指出的是，中国的海流能属于世界上功率密度最大的地区之一，特别是浙江的舟山群岛的金塘、龟山和西侯门水道，平均功率密度在 20 千瓦 / 立方米以上，开发环境和条件很好。

总之，利用海流发电比陆地上的河流优越得多，它既不受洪水的威胁，又不受枯水季节的影响，几乎以常年不变的水量和一定的流速流动，完全可成为人类可靠的能源。

哈尔滨工程大学

第三章
咸水淡水融汇出：盐差能

我们都知道海水是咸的，可是你知道吗？当咸的海水与淡水融汇时，会产生巨大的能量，这就是是盐差能。盐差能是海洋能中能量密度最大的一种可再生能源。主要存在与河海交接处。同时，淡水丰富地区的盐湖和地下盐矿也可以利用盐差能。据估计，世界各河口区的盐差能达 30 太瓦，可能利用的有 2.6 太瓦。中国的盐差能约为 1.1×10^{8} 千瓦，主要集中在各大江河的出海处，同时，中国青海省等地还有不少内陆盐湖可以利用。

第一节　海水盐度

海水为什么是咸的

一种说法认为最初大洋中的海水所含的盐分很少，甚至是淡水，海洋水中的盐类来自河流。下雨时，大陆地壳的岩石，在外营力的风化和剥蚀作用下，水流溶解了岩石中的盐类，当雨水从地表或者从地下流向大海时，沿途会将岩石和土壤

风化现象

中的盐分以及其他矿物质溶解在水里，这些水便汇成河流，历经长途跋涉最终汇入到海洋水中。当海洋从外界获得足够的热量而蒸发时，只是蒸发了海水中的水分,即淡水。而溶解在海水中的盐分物质则永远地留在了大海中，这样日复一日，年复一年，经过了亿万年的日积月累，海水便慢慢地变咸了。一些观测结果表明，现在每年经江河带进海中的盐分有 39 亿吨。因此，有的地质学家根据海水中盐分的多少来计算地球的年龄。

另一说法认为最初的海水就是咸的，海洋水中的盐类来自海底。地壳运动引起岩浆由地幔浸入地壳，海底火山的多次喷发，排放出大量的元素和其他化合物，这是海洋水中盐类的主要来源。同时，长期浸泡在海洋水中的底基岩，也可以向海洋水提供各种盐类。这是因为提出这种说法的科学家观测发现雨水中含有氯化镁，他们长期地观测陆地流入海洋河水中盐分的变化，多年观测结果发现海水中陆地的盐分并不是随着时间而增加的。

食盐

实际上，这两种说法都有一定道理，很可能把这两种说法合在一起,就是海洋水中盐类的真正来源。

什么是海水盐度

海水盐度为海水中溶解盐的浓度，即溶解盐类重量的千分比。例如在 1 千克的海水中含 35 克的溶解盐，则海水盐度为 35。国际物理海洋学协会的新定义为盐度是在海水中溶解的用克表示的固体物质的总量。大洋海水盐度一般为 33 ~ 38，平均盐度为 35(约相当于一杯水中加入一茶匙盐这样的盐度)。

在大洋中的不同海区，海水中主要溶解物质的浓度各有不同，但它们之间重量的相对比例，却因海洋中极其有效的混合过程，而保持惊人的恒定。因此，要获得盐度值，不需要逐一测定所有成分，只要确定一种成分，就可用一个简单的系数得出盐度值。氯度是最便于测定的参数。很长的一段时期里，盐度值是通过氯度的化学测量得到的，而现在则可以根据导电率的测量资料得到。

海水里到底含有多少盐

我们通常讲的海水含盐量平均为3.5%，实际上海水里的盐分因外界的环境条件不同而不同，不同的地点、不同的时间都会不同。

平均每千克的海水中，约含盐35克。那么，影响海水里盐分物质变化的主要因素是什么呢？

科学家们通过大量的观测和试验，最终得出结论。影响海水盐分高低的因素主要是海水的蒸发和海洋里通过降雨过程汇入河流和海洋的影响。其中主要的是氯化钠（食盐），正是由于有大量的带入，所以海水才有咸味，它们的存在导致了海水的苦味。其中90%左右的是氯化钠，也就是食盐。另外，还有氯化镁、硫酸镁、碳酸镁等。如果把海水中的盐全部提取出来平铺在陆地上，陆地的高度可以增加153米；假如把世界海洋的水都蒸发干了，海底就会积上60米厚的盐层。

岩浆

另外一个因素是蒸发。蒸发作用会使得海水中的盐分含量增高，这又是怎么回事呢？

试想，若海水中的含盐量是一定的，那么，当海水不断地从海洋表面被蒸发，就相当于海水中的盐的浓度逐渐在增大，故而其含盐量也就会逐渐升高。

红海是世界上盐度最高的海域，盐度在3.6%～3.8%之间。红海含盐量高的主要原因是这里地处亚热带、热带，气温高，海水蒸发量大，而且降水较小，年平均降水量还不到200毫米。红海两岸没有大河流入，在通往大洋的水路上，有石林及水下岩岭，大洋里稍淡的海水难以进来，红海中较咸的海水也难以流出去。科学家还在海底深处发现了好几处大面积的“热洞”。大量岩浆沿着地壳的裂隙涌到海底，岩浆加热了周围的岩石和海水，出现了深层海水的水温比表层还高的奇特现象。热气腾腾的深层海水泛到海面加速了蒸发，使盐的浓度越来越高。因此，红海的海水就比其他地方的海水咸多了。

红海

非洲东北部和阿拉伯半岛之间的狭长海域——红海，像一条张着大口的鳄鱼，从东北向东南，斜卧在那里。它长2000多千米，最大宽度306千米，面积约45万平方千米。北段通过苏伊士运河与地中海相通，南端有曼德海峡与亚丁湾相通。海内的红藻，会发生季节性的大量繁殖，使整个海水变成红褐色，有时连天空、海岸，都映得红艳艳的，给人们的印象太深刻了，因而叫它红海。实际上，在通常情况下，海水是蓝绿色的。

另一个例子就是欧、亚、非三大洲的交通枢纽——地中海，其含盐量也在3.9%以上。主要是由于地中海的气候表现为夏季干热少雨，冬季温暖湿润，这种气候使得周围河流冬季涨满雨水，夏季干旱枯竭。由于冬季受西风带控制，锋面气旋活动频繁，气候温和，最冷月均温在4～10℃之间，降水量丰沛。夏季在副热带高压控制下，气流下沉，气候炎热干燥，云量稀少，阳光充足。全年降水量300～1000毫米，冬半年占60%～70%，夏半年只有30%～40%。冬雨夏干的气候特征，在世界各种气候类型中，可谓独树一帜。可见其独特的气候特征造就了海洋蒸发的加快，最终导致海水的含盐量的增高。

地中海风情

与此相反，世界上最大的半咸水水域是欧洲北部斯堪的纳维亚半岛和日德兰半岛以东的大西洋的波罗的海，它是世界上含盐度最低的海。波罗的海是世界上盐度最低的海域，这是因为波罗的海的形成时间还不长，这里在冰河时期结束时还是一片被冰水淹没的汪洋，后来冰川向北退去，留下的最低洼的谷地就形成了波罗的海，水质本来就较好；其次，波罗的海海区闭塞，与外海的通道又浅又窄，盐度高的海水不易进入；加之由于波罗的海海域位于54°～66°高纬地区，气温较低，蒸发量小；受西风带影响，

降水量较大；人海河川多，有大量淡水补充；被陆地包围呈封闭性海盆,与大西洋沟通的海峡既浅又窄，阻碍水体交流，所有这一切因素，使得海水含盐度极低。波罗的海的平均盐度为 0.7% ~ 0.8%，为世界海水平均含盐度的 1/5，各海湾的盐度只有 0.02%，河口附近有的地方全是淡水。

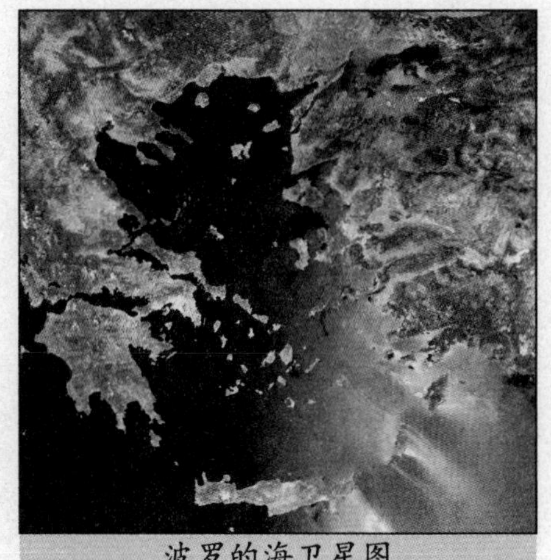
波罗的海卫星图

海水中既然存在着大量的盐类化学物质，那么海水和淡水之间或两种含盐浓度不同的海水之间就会存在着一定的化学电位差能，由于是由盐类物质的浓度产生的，人们便冠以“盐差能”这一名称。

可见，盐差能是以化学能形态出现的海洋能。这一新型的能量形式也给科学家们带来了无尽的遐想和动力，人们开始尝试如何开发和利用海水中的盐差能，以便为人类的进一步繁衍与发展提供便捷和能源动力。

第二节　神奇的盐差能

海水的“咸”里有能量

渗透现象是十分普遍的现象，如黄豆浸泡在水中会膨胀，就是由于水通过黄豆表皮(分子物理学上称这种表皮为半透膜)的渗透作用所造成的。

首先举例来说，动物的膀胱就是半透膜，它只容许水透过而不容许酒精透过；另外，如动植物的细胞膜也是半透膜；还有各种各样的人造半透膜，如以铁氰化铜沉淀于无釉陶瓷中制成的膜、胶棉膜等。

渗透现象就是指在半透膜隔开的有浓度差别的同种溶液之间，产生低浓度溶液透入高浓度溶液的现象。

当渗透现象发生后，我们在浓度大的溶液上施加一个机械压强，恰好能够阻止稀溶液向浓度大的溶液发生渗透作用，这个机械压强就等于这两种溶液之间的渗透压强，或称渗透压。海水中溶解有很多盐，盐溶在水里会电离成带正负电荷的两类离子，比如氯化钠(NaCl)，就电离为带正电荷的钠离子(Na+)和带负电荷的氯离子(Cl–)。如果海水和淡水隔着一层只允许水分子通过，而不让正负离子通过的半透膜，那么它们之间就会产生渗透现象，淡水向海水渗透，并且产生一个渗透压。

有人做过测定，温度20℃时，盐度为35%的标准海水，与纯淡水之间的渗透压高达24.8个大气压，相当于256.2米水柱高或250米海水柱高。可见，渗透压是个很大的压力。

渗透压的大小与温度、浓度有关。温度越高，渗透压越大；浓度差越大，渗透压也越大。在海洋中，海水与淡水的盐度差最大，它们之间的渗透压也就越大。这就是为什么说河流入海处海水和淡水交汇的地方是海水盐度差能蕴藏最丰富的地方。

盐度差能发电的前景

利用大海与陆地河口交界水域的盐浓度差所潜藏的巨大能量一直是科学家的理想。盐浓度差能还有一个特点，就是不仅资源量丰富，而且潜在势能高。如前所述，用半透膜把海水和淡水隔开，浓度差压达 24.8 个大气压 . 产生高达 250 米水柱的位能。这样高的位能，同海洋波浪或海流比较，具有很大的优越性。2009 年 12 月，挪威国家电力公司启动了世界上第一座盐浓度差渗透压能发电设施。这座位于奥斯陆附近托夫特地区的新型发电设施还仅限于研发目的，其发电量仅够一台咖啡机煮咖啡。

从 20 世纪 70 年代开始，世界各国相继开展了许多调查研究，以寻求提取盐浓度差能的方法。实际上，开发利用盐浓度差能资源的难度很大，上面引用的简单例子中的淡水是会冲淡盐水的；为了保持盐浓度梯度，还需要不断地向水池中加入盐水。如果这个过程连续不断地进行，水池的水面会高出海平面 240 米。对于这样的水头，就需要很大的功率来泵取咸海水。还有一种技术可行的方法是根据淡水和咸水具有不同蒸气压力的原理研究出来的：使水蒸发并在盐水中冷凝，利用蒸汽气流使涡轮机转动。这种过程会使涡轮机的工作状态类似于开式海洋热能转换电站。目前已研究出来的各种盐浓度差能实用开发系统都非常昂贵。

我国南海位于北回归线以南，气候炎热，海水温度较高，盐分多，并且是海底石油聚集的地区，不仅温差能和盐浓度差能蕴藏量丰富，而且还可把开发盐浓度差能与石油开发相配合，具备很大的利用潜能。

挪威科学家实验利用液体渗透性原理，从海水中获取新型能源。这种新型能源的原理是：利用液体的盐渗透性 . 即低浓度的液体流向高浓度的液体，用其产生的压力推动涡轮发电。人们可以在河流的入海口处修建这样的发电站。

物理上的渗透原理为：如果有两种盐溶液，一种溶液中盐的浓度高，另一种溶液的盐浓度低，那么

把两种溶液放在一起并用一种渗透膜隔离后，会产生渗透压，水会从浓度低的溶液流向浓度高的溶液。江河里流动的是淡水，而海洋中存在的是咸水，两者也存在一定的浓度差。在江河的入海口，淡水的水压比海水的水压高，如果在入海口放置一个涡轮发电机，淡水和海水之间的渗透压就可以推动涡轮机来发电。

挪威能源集团解释说：水箱的这一边是盐水，另一边是淡水，中间隔着一层只允许纯水流过的薄膜。由于两边所含盐分的不同，淡水要流到另一边来降低盐水的浓度，于是就产生了压力。这种新能源既不产生垃圾，也没有二氧化碳的排放，更不受天气的左右，可以说是取之不尽、用之不竭。而在盐分浓度更高的水域中，渗透发电站的发电效能会更好，例如，地中海、死海或美国的大盐湖。当然发电站附近必须有淡水的供给。研究人员认为，通过液体渗透性获取能源的前景非常可观，“这将为挪威提供1/3的家庭用电”。不过，现在距离这一步还很遥远，因为实验设备所获取的渗透能量仅够点

美国大盐湖

亮几只灯泡。

通常海水（以盐度为35‰计）和河水之间的化学电位差具有相当于240米高水位的落差所产生的能量。不同含盐度的两部分水相遇，水温通常会上升0.1℃。荷兰科学家称，在世界水域内由此产生的能量，相当于供给全世界20%的用电需求。

挪威能源集团于2008年2月宣布开发出海洋渗透能。该公司已经决定在江河入海口投资一家试验性的海洋渗透能发电厂。据有关专家预测，海洋渗透能将成为一种重要的绿色能源。

以色列一位名叫洛布的科学家在死海与约旦河交汇处进行过实验，取得了令人满意的成果。美国俄勒冈大学的科学家利用渗透原理，研制出了一种新型的渗透压式盐差能发电系统。利用“盐能”发电清洁、基本无污染，有广阔的发展前景。然而要做到大规模地为人类提供电力，还需要解决技术和成本等方面的问题。当前，这项应用技术的核心产品渗透膜成本很高，尚不能进行商业性规模生产。目前渗透膜专门生产商伊莱克特理克公司表示，在不久的将来就可将造价大幅度降下来。

挪威首都奥斯陆南部海岸和荷兰海边的海水倒灌地带分别利用海盐进行了小规模的发电试验，并已开始发电。虽然量很少，但使人看到了希望。挪威的斯塔特克拉弗特水力风力发电公司计划投资2000万美元，率先在世界上建设一座“盐能”发电站，所发的电可以满足几十个家庭的日常所需。

据挪威能源集团的负责人巴德·毫克尔森估计，利用海洋渗透能发电，全球范围内年度发电量可以达到1.6亿千瓦·小时。江河入海口是人口居住密度较大的区域，因此海洋渗透能发电能有效供给入海口的居民使用。据估计，一个足球场大小的海洋渗透能发电区域可以为1.5万个家庭提供电力。

挪威电力公司于2009年11月26日宣布，挪威建成的世界第一座海水渗透电厂业已投产。欧洲最大的可再生能源公司表示，位于奥斯陆外围的海水渗透电厂将利用淡水与海水混合时产生的能量发电。该渗透电厂将主要用于测试和开发目的。

盐度差能会发电

海洋中各处的盐度是不同的，随温度与深度而变，它的范围可从

海洋表层的海水(20℃)的36‰，下降到深海600米处(5℃)的35‰，在港湾河口处，由于河水进入海洋与海水相混，盐度变化最为明显。当江河的淡水与海洋的海水汇合时，由于两者所含盐分不同，在其接触面上，会产生一种十分巨大的能量。假如把一层半透膜放在不同盐度的两种水之间，通过这个膜会产生一个压力梯度，迫使水从低盐度一侧通过膜向高盐度一侧渗透，从而稀释高盐度的水，直到膜两侧水的盐度相等为止，此压力称为渗透压。它随海水的盐度与温度等而变化。盐度差发电也可称为渗透压发电。所需的水头，不像水电站采用拦河大坝，堵塞水流通路所造成，而是通过在海水与河水之间设置的半透膜产生的渗透压形成的。下面介绍几个盐度差发电的方案：

1. 水压塔式盐水发电系统

在江河的入海口，淡水和海水都十分充足，只要有适当的建筑物，面积足够大的半透膜和水轮发电机设备，实现盐度差能的有效利用——盐水发电是完全可能的。该系统主要由水压塔、半透膜、水轮机、发电机、海水泵等组成。这种发电系统的工作过程是这样的，先

水压塔

在水压塔内充入海水，由于渗透压，淡水从半透膜向水压塔内渗透水压塔内的水位上升。当水压塔内水位上升到一定高度，便从水塔流而出，冲击水轮机旋转，水轮机带动发电机旋转发电，为保证水压塔内的海水保持一定的含盐浓度，在淡水通过半透膜不断向水压塔内渗透的同时，还用水泵不断向水压塔内打入海水。否则水压塔内的水很快被稀释，因此，保持连续发电的关键是不断地用水泵向水压塔内补充海水。据计算，在连续发电的过程中，使渗透压保持 10 ~ 11 个大气压是适宜的，也就是说，水压塔的高度可以为 100 ~ 110 米。这样，再除掉泵的动力消耗，清洗半透膜等的动力消耗，大概发电系统的总效率可达 20%左右，也就是每导入 1 立方米 / 秒的淡水流量，可获得 500 千瓦的发电功率。

2. 压力室式盐水发电系统

为了实现盐水发电的目标，也可以不采取修建水压塔把水引入高空的办法，而采用压力室代替上述水压塔。该装置也用海水泵把海水泵入压力室，若按渗透压为 12 个大

简易浓差原电池

气压计算，则每千瓦功率所需的淡水流量约为 0.0008 立方米 / 秒，按现在生产的半透膜的渗透率计算，为保证 1 瓦的发电量，约需 6000 平方米的半透膜。照目前的半透膜价格计算，发电投资是太高了。这是目前盐水发电遇到的主要困难。

浓差电池，也叫反向电渗析电池。从电化学可知，若让两个不同的电解质溶液互相接触，由于两相中离子的浓度不同，这些离子将通过接触面发生扩散。由于各种离子的移动速度并不相同，所以在接触面上发生电荷分离时，两相间产生了电位差。此电位差，使移动速度快的离子减小速度，使移动速度慢的离子加快速度，最后使通过接触面的正负电荷的移动速度相等，这时两相间电位差的增大达到稳定状态。这个电位差称为液间电位。由于液间电位的存在，使盐度差能转换为电能。

海水中的主要盐类是食盐，即氯化钠 (NaCl)。食盐在海水中以氯离子和钠离子的形式存在。若在海水与淡水之间，用一层只允许氯离子通过的阴离子交换膜，或只允许钠离子通过的阳离子交换膜分隔开来。这时，海水中的氯离子便通过半透膜向淡水一侧不断扩散，因氯离子是带负电荷的，所以大量的氯离子不断通过透膜向一个方向流动，就形成电流。如果在海水与淡水中分别入电极，接通导线，两个电极间的电位差就可在电压表上看出来。这个装置就是盐度差能电池的原理。

按此原理，可在海水通道两侧，分别设置阴离子交换膜与阳离子交换膜，这样，氯离子通过阴离子交换膜向一个方向流动，钠离子通过阳离子交换膜向另一个方向流动，使电位差成倍增加，这时，如果在海水和淡水中分别插入电极，并用导线接通我们就会在电压表上看到两个电极间大约有 0.1 伏特的电势。这种装置看成是一个电池，即浓差电池。为了从这种电池取出电流，必须增大淡水的导电率，也就是减小淡水的电阻，为此还须在淡水中加入一些海水，使之含有一定的盐分，导电率就大大增加了。

综上所述，盐度差能是一种颇为奇特的能量。储量大、可再生、高密度、对环境不污染是其重要特点，但是在实用化方面，还需做很多工作。例如，目前常用的 3 种半透膜，即不对称纤维素膜、不对称芒香族聚酰胺脂与离子交换膜，不论在质量上、性能上、成本上都还不能满足开发盐度差能的需要。对半透膜这一关键材料，尚需作大量的研究。

盐度差能分布广

1. 全球的盐度差能分布

大洋表层盐度主要取决于受气候控制的降水量和蒸发量之差。但盐度分布通常又受局部地区的影响，尤其是在大陆附近。因为在大河口附近淡水的流入，高纬地区冰的融化，都会使盐度减小，另一方面，在低纬度地区蒸发效应特别显著，所以在那里表层盐度有升高的趋势，尤其是在潟湖和其他一些部分封闭的浅海盆更是如此，因为从邻近区域流入这些地方的水量是有限的。蒸发量大的海区，特别是某些内海，如地中海盐度超过39，红海达到41，这是因为这里蒸发量远远超过降水和径流量，并且这些海区与大洋联系很小。如红海，根本无河流径流注入，又极少降水。而在某些内海如黑海盐度仅15 ~ 23，波罗的海为3 ~ 20，这是因为这些水域与大洋的主体相隔离，降水和河流的径流量大大超过海面的蒸发量。在有巨量径流入海的大洋河口附近盐度有时可低到10以下。

以上提到的影响盐度的因素，有蒸发、降水、结冰、融冰、径流等，前两者是主要因素，而这些影响因

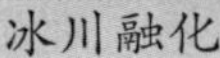
冰川融化

素只作用于海洋表层，所以盐度的极值都出现在大洋的次表层。因而在大约1000米以下，这些影响表层盐度变化的因素可以忽略不计，各纬度上的盐度均在34.5 ~ 35之间。

各大洋的表层盐度分布较为均匀，太平洋的表层盐度在33 ~ 36间，盐度等值线基本沿纬度分布，盐度梯度不大。大西洋表层盐度在33 ~ 37间，盐度的纬向梯度略大于太平洋。

大陆沿岸的盐度分布广泛

在各大陆沿岸表层盐度水平梯度较大，盐度等值线分布一般与岸平行。特别是在河口地区表层盐度水平梯度更大，分布也更为复杂。盐度在水平面上呈舌状分布，有的河口自河口向外盐度值可由10以下迅速升至近30，盐度等值线分布极为密集。盐度在河口外的三维分布，在水体的上部呈倒楔形（或簸箕形），即淡水由河口向外由厚变薄，与其对应的是在河口水体的下部有呈楔形的咸水伸入河口。

总之，世界海洋的盐度分布，在深海大洋的格局和数值主要由降水量和蒸发量决定，某些偏离这种格局的分布主要是大洋环流影响的结果。而海洋盐度的极值均出现在近岸河口（低值）和较为封闭的内海（高值）。

2. 我国的盐度差能分布

(1) 盐度分布

①渤海。在我国4个海区中，渤海表层盐度最低，年平均仅30.0，海区东部至渤海海峡略高，平均可达31.0，而近岸区域则只有26.0上下。盐度分布的变化与沿岸水系的消长关系密切。例如，冬季沿岸水系衰退之际，等盐度线便大致与海岸相平行；而夏季入海径流增大之时，河口附近大片海域的表层盐度常常低于24.0，在辽东湾顶部可低于20.0，黄河冲淡水影响则可至渤海中部。

②黄海。黄海表层盐度的分布既与沿岸流系的盛衰有关，也受黄海暖流及其余脉的强弱进退所左右。冬季，随着黄海暖流的增强，高盐水舌可以一直伸入黄海北部，盐度可达32.0，济州岛附近最高，可达34.0以上。此季节，也正是鲁北沿岸流、西朝鲜沿岸流、苏北沿岸流以及“黄海冷水南侵”强盛之际，因而近岸盐度多在31.0以下，鸭绿江口以外可低于29.0。到夏季，黄海表层盐度普遍降低，中部大部分

湄公河风光

海域降到31.0以下，鸭绿江口外可降至28.0以下。长江冲淡水不仅影响黄海西南部，低盐水舌甚至可影响到济州岛附近。

③南海。南海表层盐度的分布，近岸和外海的区域差异很明显。近岸海域大多受低盐沿岸水的影响，盐度较低，季节变化较大。例如珠江口附近盐度等值线的分布，就与珠江冲淡水的扩展方向休戚相关：夏季低盐水舌由偏南向逐渐转东，秋、冬季则由偏东向逐渐转南和西南，丰水年份盐度可降至7.0以下。外海深水区表层盐度的分布，则为季风环流所左右。冬季，来自太平洋的高盐水舌，经巴士海峡一直向西南伸展。南海中部因东侧补偿流北上，低盐水舌则向东北伸展；夏季，西南季风漂流可使南部的低盐水舌向东北扩展，而把海区北部的高盐水挤向北方。然而，与东海相比，南海广阔的中、南部海域，盐度分布总的来说还是相当均匀的，为32.0 ~ 33.6。当然，湄公河等径流冲淡水的扩展，也会使中、西部相应海域的盐度降低。另外，在粤东、海南岛东北和越南沿岸等上升流区，因下层高盐水升达海面，则使局部

海域表层出现高盐区。

我国东海的盐度分布

我国的东海的盐度分布非常广泛，其特征是，西北部的低盐与东部至南部的高盐形成强烈对比，它们之间往往出现梯度相当大的盐度锋。至于锋区的位置和强度的大小，则取决于长江冲淡水的多寡以及黑潮高盐水的强弱。冬季，长江冲淡水势力较弱，近岸盐度在 31.0 以下，黑潮水域则高达 34.7 以上。锋面在浙闽沿岸与台湾暖流之间最明显，宽度小而强度大，锋面走向基本与岸线平行。夏季，冲淡水势力极盛，长江口附近盐度降至 4.0 ~ 10.0，水舌向东及东北方向伸展甚远，锋面位置也随水舌相应东移。

(2) 资源特点

①总储藏量大，分布不均匀，但距大城市近。由于盐差能资源储藏量取决于入海的淡水量，所以盐差能资源的分布具有与上述入海水量分布相同的不均匀性。主要分布在长江口及其以南的上海、

沿海城市——福州

广东等省市沿岸。特别是那些经济发达、能耗量大、常规能源短缺的沿海大城市附近，如上海、广州、福州、杭州等。如长江口理论功率为 7022×10^4 千瓦，占全国总量的 61.84%，珠江口理论功率为 2203×10^4 千瓦，占全国总量的 19.40%，两江口合计占全国的 81.24%，因此，如能开发利用这些盐差能资源，显然是对这些城市能源的重要补充。

②季节变化剧烈，年际变化明显。沿海江河入海淡水量的变化特点决定了盐差能储量具有剧烈的季节变化和显著的年际变化。显然给开发利用装置装机容量的确定和出力保证造成困难。长江口及其以南的珠江口、闽江口等入海水量大，且相对较稳定，盐差能变化相对较小，又靠近经济发达的大城市，是未来开发海水盐差能的理想场所。

第四章
波涛汹涌的能量：海洋能

浩瀚无垠、运动不息的海水，拥有巨大的可再生能源。我们可以通过各种方法将潮汐、波浪、温差、盐度差转变成电能、机械能或其他形式的能量。世界海洋能的蕴藏量为750多亿千瓦，波浪能占93%，达700多亿千瓦。潮汐能10亿千瓦，温差能20亿千瓦，海浪能10亿千瓦。这么巨大的能源资源是目前世界能源总消耗量的数千倍。如此看来，世界能源的未来将倚重海洋。

第一节　能量与新能源

认识能量与能源

物质、能量和信息是构成客观世界的基础。世界是由物质构成的，没有物质，世界便虚无缥缈。运动是物质存在的形式，是物质固有的属性，能量则是物质运动的度量。由于物质存在各种不同的运动形态，因此，能量也就具有不同形式。

宇宙间一切运动着的物体都有能量的存在和转化。人类一切活动都与能量及其使用紧密相关。所谓能量，说的宽泛一点，就是“产生某种效果（变化）的能力”。反过来说，产生某种效果（变化）的过程必然伴随着能量的消耗或转化。物质是某种既定的东西，既不能被创造也不能被消灭，因此，作为物质属性的能量也一样不能创造和消灭。

对于能量的利用，从实质上讲就是利用自然界的某一自发变化的过程来推动另一人为的过程。例如，水力发电就是利用水会自发地从高处流往低处的这一过程，使水的势能转化为动能，再推动水轮机转动，水轮机又带动发电机，通过发电机将机械能转换为电能供人类利用。显然，能量利用的优劣，利用效率的高低与具体过程密切相关。而且利用能量的结果必然和能量系统的

小型柴油发电机

始末状态相联系。例如，水力发电系统通过消耗一部分水能来获得电能，系统的始末状态（如水位、流量等）都发生了变化。对能量的分类方法没有统一的标准，到目前为止，人类认识的能量有六种形式。

早期的水电站

1878年，法国建成世界第一座水电站。美洲第一座水电站建于美国威斯康星州阿普尔顿的福克斯河上，由一台水车带动两台直流发电机组成，装机容量25千瓦，于1882年 9月30日发电。欧洲第一座商业性水电站是意大利的特沃利水电站，于1885年建成，装机65千瓦。19世纪90年代起，水力发电在北美、欧洲许多国家受到重视，利用山区湍急的河流、跌水、瀑布等优良地形位置修建了一批数十至数千千瓦的水电站。

1. 机械能

机械能是与物体宏观机械运动或空间状态相关的能量，前者称之为动能，后者称之为势能。它们都是人类最早认识的能量形式。

2. 热能

热能是能量的一种基本形式，所有其他形式的能量都可以完全转换为热能，而且绝大多数的一次能源都是首先经过热能形式而被利用的，因此，热能在能量利用中有重要意义。

3. 电能

电能是和电子流动与积累有关的一种能量，通常是由电池中的化学能转换而来，或是通过发电机由机械能转换得到；反之，电能也可以通过电动机转换为机械能，从而显示出电做功的本领。

4. 辐射能

辐射能是物体以电磁波形式发射的能量。物体会因各种原因发出辐射能，其中，从能量利用的角度而言，因热的原因而发出的辐射能（又称热辐射能）是最有意义的，例如，地球表面所接受的太阳能就是最重要的热辐射能。

5. 化学能

化学能是物质结构能的一种，即原子核外进行化学变化时放出的能量。按化学热力学定义，物质在化学反应过程中以热能形式释放的内能称为化学能。人类利用最普遍

核电站

的化学能是燃烧碳和氢，而这两种元素正是煤、石油、天然气、薪柴等燃料中最主要的可燃元素。

6. 核能

核能是蕴藏在原子核内部的物质结构能。原子核在一定的条件下可以通过核聚变和核裂变转变为在自然界更稳定的中等质量原子核，同时释放出巨大的能量，这种能量就是核能。

认识了能量，让我们来认识一下能量的来源——能源。从广义上讲，在自然界里有一些自然资源本身就拥有某种形式的能量，它们在一定条件下能够转换成人们所需要的能量形式，这种自然资源显然就是能源，如煤、石油、天然气、太阳能、风能、水能、地热能、核能等。但生产和生活过程中由于需要或为了便于运输和使用，常将上述能源经过一定的加工、转换使之成为更符合使用要求的能量来源，如煤气、电力、焦炭、蒸汽、沼气、氢能等，它们也称之为能源，因为它们同样能为人们提供所需的能量。

能源是人类活动的物质基础。从某种意义上讲，人类社会的发展离不开优质能源的出现和先进能源技术的使用。在当今世界，能源的

发展、能源和环境，是全世界、全人类共同关心的问题，也是我国社会经济发展的重要问题。能源是整个世界发展和经济增长的最基本的驱动力，是人类赖以生存的基础。自工业革命以来，就开始出现能源安全问题。在全球经济高速发展的今天，能源安全问题已经引起世界各国的高度重视，各国都制定了以能源供应安全为核心的能源政策。人类在享受能源带来的经济发展、科技进步等利益的同时，也遇到一系列无法避免的能源安全挑战，如能源短缺、资源争夺和过度使用能源造成的环境污染等问题。

那么，究竟什么是“能源”呢？关于能源的定义，目前约有20种。例如，《科学技术百科全书》说：“能源是可从其获得热、光和动力之类能量的资源”；《大英百科全书》说：“能源是一个包括所有燃料、流水、阳光和风的术语，人类用适当的转换手段便可让它为自己提供所需的能量”；《日本大百科全书》说：“在各种生产活动中，我们利用热能、机械能、光能、电能等来做功，可利用来作为这些能量源泉的自然界中的各种载体，称为能源”；我国的《能源百科全书》说：“能源是可以直接或经转换提供人类所需的光、热、动力等任一形式能量的载能体资源。”可见，能源是一种

推动历史进程的工业革命

呈多种形式的，并且可以相互转换的能量的源泉。确切而简单地说，能源是自然界中能为人类提供某种形式能量的物质资源。能源（也称能量资源或能源资源），是指可产生各种能量（如热量、电能、光能和机械能等)或可做功的物质统称，是指能够直接取得或者通过加工、转换而取得有用能的各种资源，包括煤炭、原油、天然气、煤层气、水能、核能、风能、氢能、太阳能、地热能、生物质能等一次能源和电力、热力、成品油等二次能源，以及其他新能源和可再生能源。

最有潜力的氢能资源

氢能或称氢经济，即是利用氢气经过化学反应后所产生的能量，是燃料电池的一种，它不但不会产生废气污染环境，而且也可以储存能量，所以是目前正在研究大量生产的方法。氢能在21世纪有可能在世界能源舞台上成为一种举足轻重的二次能源。它是一种极为优越的新能源，其主要优点有：燃烧热值高，每千克氢燃烧后的热量，约为汽油的3倍，酒精的3.9倍，焦炭的4.5倍。燃烧的产物是水，是世界上最干净的能源。资源丰富，氢气可以由水制取，而水是地球上最为丰富的资源，演绎了自然物质循环利用、持续发展的经典过程。

正在枯竭的常规能源

常规能源又称传统能源。已经大规模开采和广泛利用的煤炭、石油、天然气、水能等能源属于常规能源。商品能源是作为商品经流通环节大量消费的能源。目前，商品能源主要有煤炭、石油、天然气、水电和核电五种。非商品能源主要指枯柴、秸秆等农业废料、人畜粪便等可就地利用的能源。非商品能源在发展中国家农村地区的能源供应中占有很大比重。

1. 煤炭

科学家早就发现，煤是由植物变来的。可人们无法把绿油油的树枝、棕褐色的树干和黑色的像石头一样硬邦邦的煤联系在一起。

我们知道，绿色植物的叶子中，含有叶绿素，它可通过叶片上的气孔，从空气当中吸收二氧化碳，和太阳的辐射能相作用，将太阳能转变为生物能。我们把这个过程就叫做“光合作用”。

植物最容易在多水的低洼地区、

沼泽

沼泽地带生长。这里水量充足，营养丰富，能够成为大量植物聚居繁殖的地方。

死亡了的浮游生物和沼泽植物的遗体不断堆积在湖泽里，使水面越来越浅，养料越来越丰富。大的植物也得以生长发育，从而使沼泽地带最后出现了茂盛的森林。森林一批批生长，又一批批死亡，周而复始。死亡了的植物遗体在沼泽里愈积愈多，而且会慢慢沉入水底。沉入水底的植物遗体，由于避开了和氧的接触，因而不会腐烂。在一种叫做“厌氧菌”的微生物的作用下，它们发生了分解和变质。氢、氧、氮等元素的含量逐渐减少，碳元素的含量相对增加。最后，植物遗体变为一种黑褐色或褐色的淤泥状物质——泥炭。

泥炭可作为燃料，也可作为肥料和化工原料。但泥炭不是真正的煤，只是煤的前身。由植物遗体变化到泥炭，地质学上叫做“泥炭化阶段”。泥炭化阶段是大自然造煤过程的第一步。这一过程需要千百万年的时间。

如果地壳是静止的，越积越多的植物遗体很快就会把沼泽填满，最后使之干涸。露在空气中的植物遗体被喜氧细菌分解，泥炭作用就会停止。然而，地壳是运动的，有时缓慢，有时剧烈，有时上升，有时下降。地壳上升时，沼泽变平地，泥炭化过程会停止。地壳下降速度

若比泥炭层“成长”的速度快，沼泽就会变成湖海，泥炭作用也不会进行。只有地壳下降的速度正好和泥炭层“成长”速度一致，植物才能持续地生长死亡，泥炭化过程才能持续不断地进行，而泥炭层才能不断地形成和加厚。所以，仅有沼泽地形和大量生长的植物这两个条件还是不够的。适当的、有节奏的地壳运动也是大自然造煤的一个必要条件。

造煤的条件这样苛刻，这就不难知道，古代的植物能够变成为煤而保存到今天的，其实只是极小极小的一部分而已。

地壳升升降降，大水进进退退，会在地壳中形成很多层厚薄不一的泥炭层。地壳的下降，使泥炭层被慢慢地挤到地下。这里，一方面微生物越来越少，作用越来越弱；另一方面，厚厚的地层对地下的泥炭施加了强大的压力。而且，温度随被埋的深度而逐渐升高。这样，被埋在地下的泥炭就发生了新的变化。它变得越来越致密结实，体积被压缩到只有原来的1/5 ~ 1/10，同时放出大量的水分和挥发物，碳的含量相对地增加。泥炭终于变成了煤。这种煤叫做褐煤。

将泥炭变成为褐煤的作用，我

褐煤矿

无烟煤块

们把它叫做“岩化作用”。这需要数百万年才能完成。

埋藏在地下深处的褐煤，依然受着高温高压的影响，变化过程仍在继续进行。褐煤会不断地失去水分和挥发成分，进一步增加碳的含量，以致变成为烟煤。

褐煤成为烟煤后，变化过程也没有终止。高温高压使烟煤里的水分和挥发成分继续减少，碳的含量继续增加，最后变成无烟煤。由褐煤、烟煤到无烟煤，最明显的是煤里面的碳元素含量的增加。因而这种作用又叫做“碳化作用”或者“变质作用”。

“变质作用”的过程，实际上是一个逐渐失去水分和不断增加含碳量的过程。变质程度越深的煤，含碳量越高，含碳量越高，表示越成熟。所以，在煤炭世界中、最成熟的是无烟煤，烟煤次之，褐煤最差。

虽说煤像黑石头，但真正像石头那样致密的只是无烟煤。褐煤身上往往有不少裂缝，显得很疏松。烟煤既不像褐煤那样疏松，也不像无烟煤那么结实。

褐煤多呈褐色，其名称即由此而来，有些褐煤是黑褐色或黑色的，有些则带有淡黄的颜色。褐煤的光泽一般较暗淡。烟煤大多数呈黑色——暗黑色或亮黑色，无烟煤一般的呈铜灰色，且具有明亮的金属或半金属光泽。

这三种煤都能燃烧，但发热的能力却不一样。褐煤生性活泼，很容易被火点着，燃烧时冒出浓重的黑烟。但火力不强。烟煤燃烧起来火很旺，烟很浓，火苗呈黄红色，

故人们常称之为“红火煤”。无烟煤生性冷静。不易点燃，但一旦烧起来温度高，火力足，冒烟很少。其火焰呈蓝色，故得了个雅号——“蓝火煤”。

无烟煤热值高，是一种很好的工业和民用燃料。无烟煤又可以用来制造煤气、电极、化肥、还可以用来炼铁。

煤是工业的粮食

煤对于现代化工业来说，无论是重工业，还是轻工业；无论是能源工业、冶金工业、化学工业、机械工业，还是轻纺工业、食品工业、交通运输业，都发挥着重要的作用，各种工业部门都在一定程度上要消耗一定量的煤炭，因此有人称煤炭是工业的“真正的粮食”。中国是世界上煤炭资源最丰富的国家之一，不仅储量大，分布广，而且种类齐全，煤质优良，为中国工业现代化提供了极为有利的条件。

褐煤作为燃料价值是不大的，但作为化工用煤却很有用处。它可以用来制造煤气，用来生产有机原料从而获得形形色色的化工产品。含油率高的褐煤还可以用来炼制液体燃料。

烟煤可以说是一个多面手。按照工业上的分类，烟煤可分为8类：贫煤、瘦烟、焦烟、肥煤、气煤、弱黏结煤、不黏结煤和长焰煤。其中，贫煤、气煤、弱黏结煤、不黏结煤和长焰煤等可用来生产煤气；气煤、弱黏结煤、不黏结煤和长焰煤等可用作上等的动力燃料；长焰煤可用来炼制液体燃料；焦煤、肥煤、气煤、瘦煤和弱黏结煤等可用来炼制焦炭，这是烟煤所作出的最为宝贵的一项贡献。

煤是火力发电厂的主要燃料。到20世纪80年代中期，我国使用的一次能源中，70%以上是煤。如果没有煤，火车就要停开，工厂就要停工，城市就会陷入一片黑暗……虽然现在在很多领域都开发利用了新能源，但煤在生产生活中的利用仍占很大比例。煤还是炼铁的主要燃料，冶炼1000千克生铁，要往高炉里装进400～600千克焦炭。而焦炭正是由煤炼成的。焦炭既是炼铁的燃料，又是炼铁的原料——还原剂。要炼出好的钢铁，必须有优质的焦炭。

煤还是有机化工原料。1000千克优质炼焦煤，经过高温焦化，可以得到700～800千克焦炭。除此之外，还可得到30～40千克焦油

火力发电厂

和 100 多千克的焦炉气。

焦油的成分极其复杂，现已分离出了 480 多种，是珍贵的“化工原料宝库”。用焦油可以制出五彩缤纷的颜料，沁人心脾的各种香料，神通广大的人造橡胶，品种繁多的人造纤维，还有化肥、农药、溶剂、油漆、糖精、樟脑丸……

煤其实浑身是宝，就连看似没有用的煤灰、煤渣，也可以制成水泥、砖瓦、砌块等等。

但是煤的污染也是显而易见的，煤炭从开采、洗选、贮运到加工转化利用的各个环节，都会产生废水、废气、废渣的三废污染，对人类的生存环境是个极大的挑战。

2. 石油、天然气

古代海洋或大型湖泊里的大量微生物、动植物死亡后，遗体会被埋在泥沙下面，在缺氧的条件下逐渐分解变化。随着地壳的升降运动，它们又被送到海底，被埋在沉积岩层里，承受高压和地热的烘烤，经过漫长的转化，最后形成了石油这种液态的碳氢化合物。石油在地层中一点一滴地生成，并浮游于地层中。由于浮力的关系，油点在每年缓慢地沿着地层或断层向上移动，直到受不透油的封闭地层阻挡而停留下来。当此封闭内的油点越聚越多，便形成了油田。

科学家们认为，天然气的形成多数与生物有关，例如礁型的天然气资源。在地质历史中，海洋里生存着大量的生物，它们在生长过程中具有分泌钙质骨骼的能力，在水深、温度、光照和海水含盐度适宜的条件下，这些生物一代又一代地繁殖，便形成了坚固的生物礁。研究得知，钙藻类、海绵、水螅、苔藓虫、层孔虫、珊瑚等等都曾是地质历史中的造礁生物，现代海洋中

五彩缤纷的珊瑚

的生物礁就是由珊瑚和藻类共同形成的。在漫长的地质史中形成的礁体厚度巨大，它们死亡后，被沉积物覆盖并埋藏在地层深处，在长期的地质作用下，逐渐成为天然气形成的物质基础。

根据地质学推论，石油在地球上的历史可追溯到200万到52000万年之前，对于这段漫长的时间，最直观的比较就是人类诞生到现在大概只是经历了50万～100万年。

石油与天然气的成因和形成历史相同，二者可能是同时生成的。它们都是通过钻探到储油层或储气层的井开采出来。往往在一个储层中同时含有石油和天然气，但有时天然气转移到另一个地方就会造成油气“分家”的现象。

石油的广泛应用虽然仅有百余年的历史，但却已极大地改变了人类的生活。

我们生活中每天都离不开的汽车、轮船、火车、拖拉机以及推动各种机械工作的发动机，而这些机器一旦离开石油，就得停止工作。在此意义上，石油被人们喻为“工业的血液”。同时，石油又是人类探索未来的动力来源。航天飞机、宇宙飞船，这些都在石油问世以后才成为可能。

石油除了作能源，还是一种重要的工业原料。石油和天然气的产品乙烯，是合成橡胶、合成纤维和合成塑料等三大合成材料的基本原料。石油和天然气的其他产品如苯、甲苯和二甲苯既是三大合成材料的重要原料，也是医药、农药和炸药等的重要原料。以石油和天然气为原料的石化工业产品油漆、照相材料、化肥、肥皂、香水，纸张和容器等数千种，既广泛应用于各工业部门，又深度融入于千家万户的日常生活。尽管石化工业是第二次世界大战以后才崛起的，但现已成为世界上最大最重要的工业之一。

石油化工厂

作为一种能源，石油具有如下的特点：

首先其燃烧的充分性及高热值。石油的燃烧值在所有的常规能源中最高。而且，石油引燃容易，燃烧彻底，燃后几乎无灰烬。这正符合内燃机燃料的要求。

其次，石油比重小，具有流动性。石油的比重相当于煤的

50%～60%，加之具有流动性，不仅便于长途运输，更主要的是可以大大简化机器内部的传递程序，便于加工过程中的管道输送，提高机械效能。

海上航行的巨型油轮

石油的起源

最早钻油的是中国人，最早的油井是4世纪或者更早出现的。中国人使用固定在竹竿一端的钻头钻井，其深度可达约1000米。他们焚烧石油来蒸发盐卤制食盐。10世纪时他们使用竹竿做的管道来连接油井和盐井。古代波斯的石板纪录似乎说明波斯上层社会使用石油作为药物和照明。最早提出“石油”一词的是公元977年中国北宋编著的《太平广记》。正式用“石油”命名这种油是中国北宋杰出的科学家沈括（1031-1095），在其所著《梦溪笔谈》中称这种油“生于水际砂石，与泉水相杂，惘惘而出”，故命名为“石油”。在石油一词出现之前，国外称石油为“魔鬼的汗珠”“发光的水”等，中国称“石脂水”“猛火油”“石漆”等。

最后是石油开采比较容易，成本低廉。石油在地下是承压的液体矿产，通常钻井后即能自动喷出地表，比其他固体矿产的开采简便得多。在产油大国沙特阿拉伯，开采1桶石油所获得的利润比成本高50倍以上。在一些国家，采1000千克油的成本大约只是开采1000千克煤的1/3。

正是由于以上的特点，石油一旦进入人类的生活，很快就压倒其他所有的能源而独占鳌头。

3. 水能

由于地球上水的总量恒定，在太阳能作用下不断进行着蒸发、降水循环，因此，水能是可再生的能源，用之不尽。然而，对具体的水电站来说，泥沙淤积会使有效水库容积减少，损失一部分水能。除了发电，水流的机械能也可直接利用。

水电站还有启动快、停机快的

特点，对变化的电力负荷适应性很强，可以为电力系统提供最便利、有效的调峰、调频和备用手段，保证电网运行的安全性。

2001 年底，我国水力发电装机达到 0.83 亿千瓦，占江河可开发水电装机容量的 21.93%；2001 年水电发电量 2661 亿千瓦·时，占江河可开发水电量的 13.83%。与世界上主要发达国家相比，目前我国水能资源开发利用程度还是较低的。

（1）陆地上水能资源特点

①资源丰富，但分布不均。水能资源西部多、东部少，而东部地区经济发展领先于西部，并且这种局面会持续相当长时间，东部比西部的电力需求增长更快。因此，把西部水电分别横向送往东部，成为水能开发的主要格局。另一方面，西部地区也将会结合自己的自然特点，把开发水电作为地区经济腾飞的前导，逐渐使我国经济重心西移，缩小差别。

②可建水电站中大型的比较多，位置集中。全国可开发的单站装机 1 万千瓦以上的水电站其装机容量和年发电量占总数的 80%左右；单站 200 万千瓦以上的特大型水电站有几十座。这些电站多数集中分布在西南地区。此区域人烟稀少，水库淹没损失小，适合建设高坝大库；但由于地处高山峡谷，交通不便，

水电站

三峡大坝远观照

自然条件差，工程往往十分艰巨。

③气候受季风影响，降水和径流在年内分配多不均匀。夏季到秋季4～5个月的径流占全年的60%～70%，冬季径流量很少。因而，水电站的季节性电能较多。为充分利用水能资源和满足电力系统要求，在水电规划中，都应考虑共建水库调节径流。

④人口多，耕地少，建水库往往受到淹没损失的限制。在河流的中、下游地区，这个矛盾就更为突出。随着经济发展、人口增长和人民生活水平的提高，水库淹没损失问题对水电站建设的影响将越来越大。

⑤大部分河流，特别是河流中、下游多有综合利用要求。在水能开发中，要特别注意整体规划，兼顾各方面要求，以取得最大的综合经济效益和社会效益。

（2）我国水能资源的分布及特点

我国地域辽阔、江河众多，径流丰沛、落差巨大，蕴藏着极为丰富的水能资源。世界水能资源分为理论蕴藏量、技术可开发量和已正开发量。而我国的水能资源划分为理论蕴藏量、技术可开发量、经济可开发量和已正开发量四项。水能资源理论蕴藏量是指河川或湖泊的天然水能能量（年水量与水头的乘积），以年发电量和平均功率表示。

技术可开发量是指河川或湖泊在当前技术水平条件下可开发利用的资源量（年发电量和装机容量）。经济可开发量是指河川或湖泊在当前技术经济条件下，具有经济开发价值的资源量（年发电量和装机容量），即与其他能源相比具有竞争力，且没有制约性环境问题和制约性水库淹没处理问题的资源量。已正开发量是指已经建成或正在建设之中的水电站资源量（年发电量和装机容量）。

世界水能总蕴藏量为505万兆瓦，其中技术可开发利用量约为226万兆瓦。年发电量达14.4万亿千瓦·时。

伊泰普水电站

伊泰普水电站位于巴拉那河流经巴西与巴拉圭两国边境的河段。这时河水流量大，水流湍急。两国政府共同开发水力资源，历时16年，耗资170多亿美元，1991年5月建成举世瞩目的伊泰普水电站，大坝全长7744米，196米，拦腰截断巴拉那河，形成面积1350平方千米、库容290亿立方米的人工湖。电站安装了18台发电机组，总装机容量1260万千瓦，年发电量可达750亿度。电站的建成是拉丁美洲国家间相互合作的重要成果，曾被称为人类的“第七大奇迹”。

我国水力资源丰富，全国农村水力资源（0.1兆瓦≤单站装机容量≤50兆瓦）可开发装机容量为128万兆瓦。其中，第四次复查（10兆瓦以上河流，0.5兆瓦≤单站装机容量≤50兆瓦）的小水电资源可开发装机容量65210兆瓦，补充复查增加62790兆瓦。我国农村小水电资源点多面广，遍及全国30个省（自治区、直辖市）1600多个县（市），主要集中在西部地区。截至2005年底，全国建成小水电站4万多座，装机容量超过4万兆瓦，年发电量1200多亿千瓦·时，分别占全国水电装机和发电量的1/3。星罗棋布的小水电站给广大农村和乡镇带来了光明。全国1/2的国土、1/3的县市、1/4的人口主要依靠小水电供电，累计解决了3亿多人口的用电问题。

根据2005年发布的台湾水能资源复查结果，其理论蕴藏量11652兆瓦，年发电量1021.7亿千瓦·时；技术可开发装机容量5048兆瓦，年发电量201.5亿千瓦·时；经济可开发装机容量3835兆瓦，年发电量138.3亿千瓦·时。到2002年底已在建水电站装机容量为2010兆瓦，

年发电量为59.3亿千瓦·时。

新能源“大观园”

1、太阳能

广义上的太阳能是地球上许多能量的来源，如风能、化学能、水的势能等由太阳能导致或转化成的能量形式。

太阳能一般指太阳光的辐射能量。太阳能的主要利用形式有太阳能的光－热转换、光－电转换、光－化转换三种。光－热转换。太阳能集热器以空气或液体为传热介质吸热，可以采用抽真空或其他透光隔热材料来减少集热器的热损失。太阳能建筑分为主动式和被动式两种，前者与常规能源采暖相同；后者是利用建筑本身吸收储存能量。

能量之源——太阳能

光－电转换。太阳能电池类型很多，如单晶硅、多晶硅、硫化镉和砷化锌电池。非晶硅薄膜很可能成为太阳能电池的主体，缺点主要是光－电转换率低，工艺还不成熟。目前，太阳能利用转化率为10%～12%。据此推算，到2020年，全世界能源消费总量大约需要25万亿升原油，如果用太阳能替换，只需要约97万千米的一块吸太阳能的“光板”就可以实现。“宇宙发电计划”在理论上是完全可行的。

光－化转换。光照半导体和电解液界面使水电离直接产生氢的电池。即光化学电池。

利用太阳能的方法主要有：太阳能电池，通过光－电转换把太阳光中包含的能量转化为电能；太阳能热水器，利用太阳光的热量加热水，并利用热水发电等。

对太阳能的利用可以进行以下分类：

太阳能光伏。光伏板组件是一种暴露在阳光下便会产生直流电的发电装置，由几乎全部以半导体物料（如硅）制成的薄身固体光伏电池组成。由于没有活动的部分，所以可以长时间地操作而不会导致任何损耗。简单的光伏电池可以为手表及计算机提供能源，较复杂的光伏系统可以为房屋照明，并且能为电网供电。光伏板组件可以制成不同形状，而组件又可以连接，以产

生更多的电力。近年来，天台及建筑物表面均会使用光伏板组件，甚至被用做窗户、天窗或遮蔽装置的一部分，这些光伏设施通常被称为附设于建筑物的光伏系统。

太阳热能。现代的太阳热能科技将阳光聚合，并运用其能量产生热水蒸气和电力。除了运用适当的科技来收集太阳能外，建筑物也可以利用太阳的光和热能，方法是在设计时加入合适的装备，例如，巨型的向南窗户或使用能吸收及慢慢释放太阳热力的建筑材料。

太阳光合能。植物利用太阳光进行光合作用，合成有机物。因此，可以人为地模拟植物的光合作用，大量合成人类需要的有机物，提高太阳能利用效率。

2. 核能

核能是通过转化其质量，从原子核释放的能量，符合阿尔伯特·爱因斯坦的能量方程 $E=mc^2$。

核能的释放形式有以下三种：

核裂变能。所谓核裂变能，是指通过一些重原子核（如铀 –235、铀 –238、钚 –239 等）的裂变释放出的能量。

核聚变能。由两个或两个以上氢原子核（如氢的同位素——氘和氚）结合成一个较重的原子核，同时发生质量亏损，释放出巨大能量

采光良好的落地窗设计

的反应，叫做核聚变反应，其释放出的能量被称为核聚变能。

核衰变。核衰变是一种自然的、慢得多的裂变形式，因为其能量释放缓慢而很难加以利用。

目前核能的利用存在许多问题，主要问题有：资源利用率低；反应后产生的核废料成为危害生物圈的潜在因素，其最终处理技术尚未被完全解决；反应堆的安全问题尚需要不断监控及改进；核不扩散要求的约束，即核电站反应堆中生成的钚 -239 受其控制；核电建设投资费用仍然比常规能源高，投资风险较大。

核裂变所释放的巨大能量

3. 风能

即地球表面大量空气流动所产生的动能。由于地面各处受太阳辐照后气温变化不同和空气中水蒸气的含量不同，因而引起各地气压的差异，在水平方向，高压空气向低压地区流动，即形成风。风能资源决定于风能密度和可利用的风能年累计小时数。风能的利用主要是风力发电和风力提水。

风力发电是现代利用风能最常见的形式，自 19 世纪末丹麦研制成风力发电机以来，人们认识到石油等能源会枯竭，才重视风能的发展，利用风来做其他事情。1977 年，联邦德国在著名的风谷——石勒苏益格 - 荷尔斯泰因州的布隆坡特尔——建造了一台世界上最大的发电风车。该风车高 150 米，每个桨叶长 40 米，重 18 吨，用玻璃钢制成。经过几十年的发展，在风能资源良好的地点，风力发电已经可以与普通发电方式竞争。全球装机容量每翻一番，风力发电成本下降 12% ~ 18%。风力发电的平均成本从 1980 年的 46 美分每千瓦 · 时下降到目前的3 ~ 5美分每千瓦·时（风能资源良好的地点）。1994 年，全世界的风力发电机装机容量已经达到 300 万千瓦左右，每年发电约 50 亿千瓦 · 时。2010 年，岸上风力发电成本将低于天然气成本，近海风力发电成本将下降 25%。随着成本的下降，在风速低的地区安装风电机组也是经济的，这极大地增加了全球风电的潜力。过去 10 年间，全球风电装机容量的年平均增长率为

30%。2003年全球新增风电装机容量约为8250兆瓦，总风电装机容量约为40290兆瓦。风能是在太阳辐射下流动所形成的。风能与其他能源相比，具有明显的优势，它蕴藏量大，是水能的10倍，分布广泛，永远不会枯竭，对交通不便、远离主干电网的岛屿及边远地区的意义尤为重要。

风力发电机组

风力发电的前景

未来几年，亚洲和美洲将成为风力发电最具增长潜力的地区。中国的风电装机容量将实现每年30%的高速增长，印度风能也将保持每年23%的增长速度。印度鼓励大型企业进行投资发展风电，并实施优惠政策激励风能制造基地，目前印度已经成为世界第5大风电生产国。而在美国，随着新能源政策的出台，风能产业每年将实现25%的超常发展。在欧洲，德国的风电发展处于领先地位，其中风电设备制造业已经取代汽车制造业和造船业。在近期德国制定的风电发展长远规划中指出，到2025年风电要实现占电力总用量的25%，到2050年实现占总用量50%的目标。

4. 生物质能

生物质能来源于生物质，也是太阳能以化学能形式储存于生物中的一种能量形式，它直接或间接地来源于植物的光合作用。生物质能是储存的太阳能，更是唯一一种可再生的碳源，并且可以转化成常规的固态、液态或气态的燃料。地球上的生物质能资源较为丰富，而且是一种无害的能源。地球每年经光合作用产生的物质有1730亿吨，其中蕴涵的能量相当于全世界能源消耗总量的10～20倍，但尚未被人们合理地利用，多半直接当作薪柴使用，效率低，影响生态环境。现代生物质能的利用是通过生物质的厌氧发酵制取甲烷，用热解法生成燃料气、生物油和生物炭，用生物质制造乙醇和甲醇燃料，以及利用生物工程技术培养能源植物，发展

沼气池

能源农场。

截至2006年年底，我国全国已经建设农村户用沼气池1870万口，生活污水净化沼气池14万处，畜禽养殖场和工业废水沼气工程2000多处，年产沼气约90亿立方米，为近8000万农村人口提供了优质的生活燃料。

中国已经开发出多种固定床和流化床气化炉，以秸秆、木屑、稻壳、树枝为原料生产燃气。2006年用于木材和农副产品烘干的有800多台，村镇级秸秆气化集中供气系统近600处，年生产生物质燃气2000万立方米。

5. 地热能

地热能是离地球表面5000米以内，15℃以上的岩石和液体的热源能量。据有关组织推算，约为14.5×10^{25}焦，约相当于4948万亿吨标准煤的热量。地热来源主要是地球内部放射性同位素热核反应产生的热能。我国一般把高于150℃的称为高温地热，主要用于发电；低于此温度的叫做低温地热。通常直接用于采暖、工农业加温、水产养殖及医疗和洗浴等。早在1990年底，世界地热资源开发利用于发电的总装机容量就已达到588万千瓦，

地热水的中低温直接利用约相当于1137万千瓦。地热能的开发利用已有较长的时间，地热发电、地热制冷及热泵技术都已经比较成熟。在发电方面，国外地热单机容量最高已经达到60兆瓦。采用双循环技术，可以利用100℃左右的热水发电。我国单机容量最高为10兆瓦，与国外有较大差距。另外，发电技术目前还有单级闪蒸法发电系统、两级闪蒸法发电系统、全流法发电系统、单级双流地热发电系统、两级双流地热发电系统和闪蒸与双流两级串联发电系统等。我国适合于发电的高温地热资源不多，总装机容量为30兆瓦左右，其中西藏羊八井、那曲、郎久三个地热电站规模较大。

地热发电站

6. 可燃冰

可燃冰是20世纪60年代以来发现的一种新的能源资源。它具有能量密度高、分布广、规模大等特点，被公认为21世纪新型洁净高效能源之一，日益引起世界各国政府的关注。其总能量为煤、油、气总和的2 ~ 3倍。虽然可燃冰有巨大的能源前景，然而是否能对其进行安全开发，使之不会导致甲烷气体泄漏、产生温室效应、引起全球变暖、诱发海底地质灾害等，这些都是可燃冰作为新能源在应用过程中需要研究和重视的内容。

第二节　清洁的海洋能源：海洋能

什么是海洋能

海洋能源通常指海洋中所蕴藏的可再生的自然能源，主要为潮汐能、波浪能、海流能、温差能和盐差能。更广义的海洋能源还包括海洋上空的风能、海洋表面的太阳能及海洋生物质能等。

究其成因，潮汐能和潮流能来源于太阳和月亮对地球的引力变化，其他均源于太阳辐射。海洋面积占地球总面积的71%，太阳到达地球的能量大部分落在海洋上空和海水中，部分转化为各种形式的海洋能。海洋能源按储存形式又可分为机械能、热能和化学能。其中，潮汐能、海流能和波浪能为机械能，潮汐能是地球旋转所产生的能量通过太阳和月亮的引力作用而传递给海洋的，并由长周期波储存的能量，潮汐的能量与潮差大小和潮量成正比；潮流、海流的能量与流速平方和通流量成正比；波浪能是一种在风的作用下产生的，并以位能和动能的形式由短周期波储存的机械能，波浪的能量与波高的平方和波动水域面积成正比；海水温差能为热能，低纬度的海面水温较高，与深层冷水存在温度差，从而储存着温差热能，其能量与温差的大小和水量成正比；海水盐差能为化学能，河口水域的海水盐度差能是化学能，入海径流的淡水与海洋盐水间有盐度差，若隔以半透膜，淡水向海水一侧渗透可产生渗透压力，其能量与压力差和渗透流量成正比。因此，各种能量涉及的物理过程、开发技术及开发利用程度等方面存在很大的差异。在我们国家，大陆的海岸线长达1.8

万千米，海域面积470多万千米，海洋能资源是非常丰富的。这些不同形式的海洋能量有的已被人类利用，有的已列入开发利用计划，但人们对海洋能的开发利用程度至今仍十分低。尽管这些海洋能资源之间存在着各种差异，但是也有着一些相同的特征。每种海洋能资源都具有相当大的能量通量：潮汐能和盐度梯度能大约为2亿千瓦；波浪能也在此数量级上；而海洋热能至少要比它们大两个数量级。但是这些能量分散在广阔的地理区域，实际上它们的能流密度相当低，而且这些资源中的大部分均蕴藏在远离用电中心区的海域。因此，只有很小一部分海洋能资源具有开发利用价值。

中国早期利用海洋能

中国利用海洋能是从潮汐能开始的，在沿海已建成一些潮汐发电站，其中建在浙江乐清湾内的江厦港电站是中国最大的潮汐发电站，也是世界上第三大潮汐发电站，20世纪80年代以来获得较快发展，航标灯浮用微型潮汐发电装置已趋商品化，与日本合作研制的后弯管型浮标发电装置，已向国外出口，该技术属国际领先水平。在珠江口大万山岛上研建的岸边固定式波力电站，第一台装机容量3千瓦的装置，于1990年发电成功。

惊涛“海”浪

从全球来看，海洋能的可再生量很大。根据联合国教科文组织1981年出版物的估计数字，5种海洋能理论上可再生的总量为766亿千瓦。其中温差能为400亿千瓦，盐差能为300亿千瓦，潮汐和波浪能各为30亿千瓦，海流能为6亿千瓦。但如上所述是难以实现把上述全部能量取出，人们只能利用较强的海流、潮汐和波浪；利用大降雨量地域的盐度差，而温差利用则受热机卡诺效率的限制。因此，估计技术上允许利用的功率为64亿千瓦，其中盐差能30亿千瓦，温差能20亿千瓦，波浪能10亿千瓦，海流能3亿千瓦，潮汐能1亿千瓦(估计数字)。海洋能的强度较常规能源为低。海水温差小，海面与500～1000米深层水之间的较大温差仅为20%左右；潮汐、波浪水位差小，较大潮差仅为7～10米，较大波高仅为3米;潮流、海流速度小，较大流速仅为4～7节。即使这样，在可再生能源中，海洋能仍具有可观的能流密度。以波浪能为例，每米海岸线平均波功率在最丰富的海域是50千瓦，一般的有5～6千瓦;海洋能作为自然能源是随时变化着的，但海洋是个庞大的蓄能库，将太阳能及派生的风能等以热能、机械能等形式蓄存在海水中，不像在陆地和空中那样容易散失。海水温差、盐度差和海流都是较稳定的，1天24小时不间断，昼夜波动小，只是稍有季节性变化。潮汐、潮流则作恒定的周期性变化,对大潮、小潮、涨潮、落潮、潮位、潮速、方向都可以准确预测。海浪是海洋中最不稳定的，有季节性、周期性，而且相邻周期也是变化的。但海浪是风浪和涌浪的总和，而涌浪源自辽阔海域上持续时日的风能，不像地面太阳和风那样容易骤起骤止和受局部气象的影响。

海洋能优缺点

1. 海洋能优点

（1）总蕴藏量大

海洋能相当大部分来源于太阳。太阳热能约为1.4千瓦/小时·平方米，海洋的面积约为地球总面积的71%，因此，地球接收的太阳热能中的2/3以热的形式留于海上，其余则形成蒸发、对流和降雨等现象。潮汐、波浪、海流动能的储量达80×10^8千瓦以上，比陆地上水力资源的储藏丰富得多。从对海洋波浪能、潮汐能、海流能、海洋热能、盐度差能及光合能(海草燃料)的储藏量的估计数字可以看出，这

舟山群岛

些数字尽管不一定十分精确，但却可以大致看出这些海洋能的数量级，并可和现在世弊的能源消费水平(约 30×10^8 千瓦)作一比较。根据国外学者们的计算，全世界各种海洋能固有功率的数量以温度差能和盐度差能最大为 10^{10} 千瓦；波浪能和潮汐能居中，为 10^9 千瓦。而目前世界能源消耗水平为数十亿千瓦。所以海洋能的总蕴藏量巨大。当然，如此巨量的海洋能资源，并不是全部可以开发利用。据 1981 年联合国教科文组织出版的《海洋能开发》一书估计，全球海洋能理论可再生的功率为 766×10^8 千瓦，技术上允许利用的功率仅为 64×10^8 千瓦。但即使如此，这一数字也为目前全世界发电装机总量的 2 倍。

（2）非耗竭、可再生和对环境无害

由于海洋永不间断地接受着太阳辐射和月亮、太阳的作用，所以海洋能又可再生，而且海洋能的再生不受人类开发活动的影响，因此没有耗竭之忧。海洋能发电不消耗一次性化石燃料，几乎都不伴有氧化还原反应，不向大气排放有害气体和热，因此也不存在常规能源和原子能发电存在的环境污染问题，这就避免了很多社会问题，使得海洋能源具有极好的发展前景。

（3）能量密度低

各种海洋能的能量密度一般较低。潮汐能的潮差较大值为 13 ~ 15 米，我国最大值仅 8.9 米；潮流能的流速较大值为 5 米 / 秒，我国最大值达 4 米 / 秒以上；海流能的流速较大值 1.5 ~ 2.0 米 / 秒，我国最大值 1.5 米 / 秒；波浪能的年平均波高较大值 3 ~ 5 米，最大波高可达 24 米以上，我国沿岸年平均波高 1.6 米，最大波高达 10 米以上；温差能的表、深层海水温差较大值为 24℃，我国最大值与此相当；盐度差能是海洋能中能量密度最大的一种，其渗透压一般为 2.51 兆帕斯卡，相当于256米水头，我国最大值与此接近。

（4）海洋能随时空存在一定变化

各种海洋能按各自的规律变化。在地理位置上，海洋能因地而异，不能搬迁，各有各的富集海域。温度差能主要集中在低纬度大洋深水海域，我国主要在南海；潮汐、潮流能主要集中在沿岸海域，我国东海岸最富集；海流能主要集中在北半球两大洋西侧，我国主要在东海的黑潮流域；波浪能近海、外海都有，但以北半球两大洋东侧中纬度(北纬 30 ~ 40℃)和南极风暴带(南纬 40° ~ 50°)最富集，我国东海和南海北部较大；盐度差能主要在江河入海口附近沿岸，我国主要在长江和珠江等河口。在时间上，除温度差能和海流能较稳定外，其他均具有明显的日、月变化和年变化，所以海洋能发电多存在不稳定性。不过，各种海洋能能量密度的时间变化一般均有规律性，特别是潮汐和潮流变化，目前已能做出较准确的预报。

（5）一次性投资大，单位装机造价高

不论在沿岸近海，还是在外海，开发海洋能资源都存在风、浪、流等动力作用、海水腐蚀、海洋生物附着以及能量密度低等问题，致使转换装置设备庞大、要求材料强度高、防腐性能好、设计施工技术复杂、投资大、造价高。

另外，由于海洋能发电在沿岸和海进行，不占用土地，不需迁移人口，具有综合利用效益。

2. 海洋能缺点

永不休止流动的海洋蕴藏着无比巨大的能量，改造利用好便会给人类带来福音，同样，改造利用不好也会给人类带来巨大的灾难。比如天下一绝的钱塘江，那潮头虽奇，那气势虽壮，那景致虽美，可那汹涌澎湃的潮水决不像人们所想象得那样循规蹈矩，它的面孔常常狰狞可怕。让我们随看看下面的几个例

子吧！

雍正二年，钱塘江遇上大潮。据记载海大溢，塘堤尽决，海宁全城（现在盐官镇）只能见到屋顶。

在萧山县新湾海塘上，曾经有两块体积达10立方米的钢筋混凝土块，每块重量大约有12吨。这么大又这么重的混凝土块，不可能想象有什么大力士会推得动它。可是，就是这么大又这么重的混凝土块体，在1968年秋天的一次潮头过后，人们竟然发现它们被涌潮推动着移动了30多米的距离。可想而知，海潮的力量该有多大！再比如，蕴藏着极其巨大能量的海潮，也会常常给人类带来恐惧和灾难。据统计，自1012年~1949年的937年之中，钱塘江发生的重大潮患就达210次之多。一旦涨大潮同时遇上台风，那时，风助长潮威，潮借助风势，海边会形成破坏性极强的风暴潮，对人类造成异常可怕的直接威胁。另一方面，人们从海洋中获取能量的最佳手段尚无共识，大型项目的开发可能会破坏自然水流、潮汐和生态系统。因此，对于海洋能的开发和利用必须在科学、合理的基础上进行，才会在利用宝库为人类造福的同时避免大的灾害的发生。

壮观的钱塘江潮

总之，海洋被认为是世界上最后的资源宝库，因此，有人把海洋称为“能量之海”。进入新世纪以来，海洋将会在为人类提供生存空间、食品、矿物、药物、能源和水资源等方面发挥非常重要的作用，其中海洋能将会扮演极其重要的角色。

海洋能大家族

海洋能作为海水运动过程中产生的可再生能源，主要包括温差能、潮汐能、波浪能、潮流能、海流能、盐差能等。潮汐能和潮流能源自月球、太阳和其他星球的引力，其他海洋能均源自太阳辐射。海洋能的主要能量形式如下：

1. 潮汐能

因月球引力的变化引起潮汐现象，潮汐导致海水平面周期性地升降，因海水涨落及潮水流动所产生的能量成为潮汐能。潮汐能与潮流

能来源于月球、太阳引力，其他海洋能均来源于太阳辐射，海洋面积占地球总面积的71%，太阳到达地球的能量，大部分落在海洋上空和海水中，部分转化成各种形式的海洋能。潮汐能的主要利用方式为发电，目前世界上最大的潮汐发电站是法国的朗斯潮汐电站，我国的江夏潮汐试验电站为国内最大的潮汐发电站。

2. 波浪能

波浪能是指海洋表面波浪所具有的动能和势能，是一种在风的作用下产生的、并以位能和动能的形式由短周期波储存的机械能。波浪的能量与波高的平方、波浪的运动周期以及迎波面的宽度成正比。波浪能是海洋能源中能量最不稳定的一种能源。波浪发电是波浪能利用的主要方式。此外，波浪能还可以用于抽水、供热、海水淡化以及制氢等。

3. 海水温差能

海水温差能是指表层海水和深层海水之间水温差的热能，是海洋能的一种重要形式。低纬度的海面水温较高，与深层冷水存在温度差，而储存着温差热能，其能量与温差的大小和水量成正比。温差能的主要利用方式为发电，首次提出利用海水温差发电设想的是法国物理学家阿松瓦尔。1926年，阿松瓦尔的学生克劳德利用海水温差发电的试验取得成功。1930年，克劳德在古巴海滨建造了世界上第一座海水温差发电站，获得了10千瓦的功率。温差能利用的最大困难是温差大小，能量密度低，其效率仅有3%左右，而且换热面积大，建设费用高，目前各国仍在积极探索中。

4. 盐差能

盐差能是指海水和淡水之间或两种含盐浓度不同的海水之间的化学电位差能，是以化学能形态出现的海洋能。主要存在于与河海交接处。同时，淡水丰富地区的盐湖和地下盐矿也可以利用盐差能。盐差能是海洋能中能量密度最大的一种

潮汐发电站

可再生能源。我国的盐差能估计为1.1×10^8千瓦，主要集中在各大江河的出海处，同时，我国青海省等地还有不少内陆盐湖可以利用。盐差能的研究以美国、以色列的研究为先，中国、瑞典和日本等也开展了一些研究。但总体上，对盐差能这种新能源的研究还处于试验水平，离示范应用还有较长的距离。

5. 海流能

海流能是指海水流动的动能，主要是指海底水道和海峡中较为稳定的流动以及由于潮汐导致的有规律的海水流动所产生的能量，是另一种以动能形态出现的海洋能。海流能的利用方式主要是发电，其原理和风力发电相似。全世界海流能的理论估算值约为100千瓦量级。利用中国沿海130个水道、航门的各种观测及分析资料，计算统计获得中国沿海海流能的年平均功率理论值约为1.4×10^7千瓦，属于世界上功率密度最大的地区之一，其中辽宁、山东、浙江、福建和台湾沿海的海流能较为丰富，不少水道的能量密度为15～30千瓦/平方米，具有良好的开发价值。特别是浙江的舟山群岛的金塘、龟山和西侯门水道，平均功率密度在20千瓦/平

长江入海口

方米以上，开发环境和条件很好。

海洋能开发历史

人类很早就利用海洋能了。11世纪左右的历史记载里有潮汐磨坊。那时在大西洋沿岸的一些欧洲国家，建造过许多磨坊，功率在20 ~ 73.5千瓦，有的磨坊甚至运转到20世纪20 ~ 30年代。20世纪初，欧洲开始利用潮汐能发电，20年代和30年代，法国和美国曾兴建较大的潮汐电站，没有获得成功。后来，法国经过多年筹划和经营，终于在1967年建成装机24千瓦的朗斯潮汐电站。此电站采用灯泡式贯流水轮发电机组，迄今运行正常。这是世界上第一座具有商业规模、也是至今规模最大的潮汐能和海洋能发电站。

水磨坊

1968年，前苏联建造了一座装机400千瓦的潮汐电站，成功地试验用沉箱法代替曾是朗斯电站巨大难题的海中围堰法。1984年加拿大建成装机2万千瓦的中间试验电站，用来验证新型的全贯流水轮发电机组。我国也以发电潮汐能著称于世，建成运行的小型潮汐电站数量很多，1985年建成装机3200千瓦的江厦潮汐电站。

温差发电，早在1881年，法国物理学家德阿森瓦提出利用表层温水和深层冷水的温差使热机做功。1930年法国科学家克劳德在古巴海岸建成一座开发循环发电装置，功率22千瓦。但是发出的电力还小于维持其运转所消耗的功率。1964年，美国安德森父子重提闭式循环概念，为海洋温度发电另辟蹊径。20世纪80年代以来，美国继续对温差发电进行试验。日、法、印度也拟有开发计划。总之，温差热能转换以其能源蕴藏量大、供电量稳定的优点将成为海洋能甚至可再生资源利用中最重要的项目。

波浪能的开发，可上溯到1799年。在20世纪的60年代以前，付诸实施的装置至少在10种以上，遍及美国、加拿大、澳大利亚、意大利、西班牙、法国、日本等国。1965年，日本益田善雄研制成用于导航灯浮

的气动式波力发电装置，几经改进，迄今作为商品已生产1000台以上。20世纪70年代以来，英国、日本、挪威等国大力推进波力发电的研究。

传统上利用海流行船，最早系统地探讨利用海流能发电是1974年在美国召开的专题讨论会上。会上提出管道式水轮机、开式螺旋桨、玄式转子等能量转换方式。20世纪70年代以来，美国、日本、英国、加拿大对海流和潮流的几种发电方式进行研究试验。

海洋盐度差能利用研究历史较短。1939年美国人最先提出利用海水和河水靠渗透压和电位差发电的设想。1954年第一份渗透压差发电报告发表。目前尚处于早期研究阶段。

我国海域辽阔，岛屿星罗棋布，每年入海河流的淡水量为2万亿~3万亿立方米，海洋能资源十分丰富。海洋能总蕴藏量约占全世界的能源蕴藏量的5‰，如果我们能从海洋能的蕴藏量中开发1%，并用于发电的话，那么其装机容量就相当于我国现在的全国装机总容量。在1亿千瓦的潮汐能中，80%以上资源分布在福建、浙江两省。海洋热能分布在我国南海。潮流、盐度差能等主要分布在长江口以南海域。华东、华南地区常规能源短缺，而工农业生产密集。至于众多待开发的边远岛屿更是不通电网，缺能缺水。我国海洋能的分布格局，正与上述需要相适应，可以就地利用，避免和减少北煤南运、西电东输，以及岛屿运送化石燃料的花费和不便，是很好的可以利用的资源。

西电东输高压输电线

1. 我国海洋能的开发

我国海洋能利用的演进，新中国成立以来大致经历过三个时期：

20世纪50年代末期，出现过潮汐电的高潮，那时各地兴建了40多座小型潮汐电站，有一座是陈嘉庚先生在福建集美兴建的，但由于发电与农田排灌、水路交通的矛盾，以及技术设计和管理不善等原因，至今只有个别的保存下来，如浙江沙山潮汐电站。除发电外，在南方还兴建了一些潮汐水轮泵站。

20世纪70年代初期，再次出现利用潮汐的势头。我国三座稍具规模的和一些小潮电，都是在这个

时期动工的。国家投资的浙江江厦潮汐电站，设计总容量为3000千瓦，采用自行设计和制造有双向发电和泄水功能的灯泡贯流式机组。

20世纪80年代以来，我国海洋能开发处于充实和稳步推进时期1985年江厦潮汐电站完成装机5台，发电能力超过设计水平，达3200千瓦。它的建成是我国海洋能发电史上的一个里程碑。另外盐度差发电方面研制成用渗透膜的实验室装置运转成功。海洋温差发电方面，已开始研制一种开式循环实验室装置。我国沿海渔民很早就懂得利用潮汐航海行船，借助潮汐的能量推动水车做功。

我国海洋能的开发利用

资料显示，我国从20世纪80年代开始，在沿海各地区陆续兴建了一批中小型潮汐发电站并投入运行发电。其中最大的潮汐电站是1980年5月建成的浙江省温岭市江厦潮汐试验电站，它也是世界已建成的较大双向潮汐电站之一。总库容490万立方米，发电有效库容270万立方米。这里的最大潮差8.39米，平均潮差5.08米；电站功率3200千瓦。据了解，江厦电站每昼夜可发电14～15小时，比单向潮汐电站增加发电量30%～40%。江厦电站每年可为温岭、黄岩电力网提供100亿瓦/小时的电能。

2. 国外发展现状

英国和日本可以列为典型的重视海洋能开发的国家。从这两个国家的海洋能研究与开发情况中，可以了解国外海洋能源开发的一些情况。

（1）英国

为了保护环境和实现社会的持续发展，英国制定了强调多元能源的能源政策。鼓励发展包括海洋能在内的各种可再生能源。早在20世纪90年代初，英国政府就制定了可再生资源发展规划。目前，英国波浪发电技术居世界领先地位，颇具出口潜力。据报道，1995年，英国建造了第一座商业性波浪发电站。这座被称为“Osprey”的波能电站输出功率为2兆瓦，可以满足2000户家庭的用电要求，如再加上该装置上方的风力发电机，用户可以扩大到3500户。经过几个月的运行后，该电站将并入英国电网。英国潮汐能资源丰富，对一些拟议中的潮汐电站已经进行了大规模的可行性研究和前期开发研究，其中包括塞汶、墨西、怀尔、康维、达登等河口潮

汐电站。英国1997年在塞汶河口建造第一座潮汐电站，装机容量为8.6吉瓦，年发电量约为170亿千瓦·时，该电站于2003年开始发电，2005年正式全面运行。此外，在墨西河口将建造年发电量约为15亿千瓦·时的潮汐电站。

塞文河

另外，英国还对一些河口和海湾进行了潮汐能发电经济效益分析研究，发现了30多个装机容量可达30～150兆瓦的理想的小型潮汐能发电站站址，年发电量可以达到50亿千瓦·时。由于小型潮汐电站投资少，建设周期短，今后在潮汐电站的建设中，会得到优先考虑。据统计，如果英国的潮汐能都能利用起来，每年可发电540亿千瓦。相当于英格兰和威尔士目前电量的20%，从而可以有效地改变英国的能源供应结构。

现在，英国已经具有建造各种规模的潮汐电站的技术力量。英国认为，法国、加拿大、独联体和韩国等国家是极有潜力的市场。

为了鼓励开发可再生能源，1989年，英国议会通过了《非化石燃料责任法》。该法规定，政府中负责能源的大臣有权发布命令，要求英格兰和威尔士的12个地区的电力公司，在所提供的电力中，必须有一定比例的电力来自可再生能源。凡是根据“可再生能源令”承担的合同生产的电力，出售可以享受补贴价，这些补贴经费来自政府对化石燃料电力征收的税款。苏格兰和北爱尔兰也有类似的政策。《非化石燃料责任法》的颁布和实施，为英国可再生能源的开发利用提供了良好的环境。

（2）日本

日本的海洋能研究十分活跃，其特点是着重波浪技术的开发。开展的波浪能研究项目有“海明号”波力发电船、60千瓦防波堤式电站、摆式波能装置、40千瓦岸式电站、“巨鲸号”漂浮式波力发电装置、气压罐式波力发电装置、导航用波力发电装置等，其中“海明号”是世界上最著名的波力发电装置。“巨鲸号”漂浮式波力装置的一期工程于1995年底完成。该装置既可以发

电，又可以净化海水，还有消波避风的能力。日本波浪能研究的牵头单位是日本海洋科学技术中心，有几十个单位参与，其中包括大学、研究所和公司。日本波浪能开发研究的特点是既有明确的分工，又有有效的协调。另一特点是大公司积极参与和重视技术转化为生产力的研究，从而使日本在波浪能转换技术实用化方面走在世界前列。

海洋能开发前景

海洋能虽然是一种清洁能源，但是海洋能的利用目前还很昂贵，以法国的朗斯潮汐电站为例，其单位千瓦装机投资合 1500 美元，高出常规火电站。但在目前严重缺乏能源的沿海地区 (包括岛屿)，把海洋能作为一种补充能源加以利用还是可取的。

海洋能开发利用的制约因素：一是海洋能的特点决定了其开发的难度大，技术水平要求高。海洋能虽然储量巨大,但其能源是分散的，能源密度很低。例如，潮汐能可利用的水头只有数米，波浪的年平均能量只有 300 ~ 500 兆瓦·小时 / 米。海洋能大部分蕴藏在远离用电中心的大洋海域，难以利用。海洋能的能量变化大，稳定性差，如潮汐的周期变化、波浪能量和方向的随机变化等给开发利用增加了难度。此外，海洋环境严酷，对使用材料及设备的防腐蚀、防污染、防生物附着要求高，尤其是风浪有巨大的冲击破坏力，也是开发海洋能时必须考虑的。二是海洋能的开发由于技术不成熟，一次性投资大，经济效益不高,影响了海洋能利用的推广。海洋能利用技术是海洋、蓄能、土工、水利、机械、材料、发电、输电、可靠性等技术的集成，其关键技术是能量转换技术，不同形式的海洋能，其转换技术原理和设备装置都不同。由于海洋能开发技术目前尚不成熟，致使海洋能开发的一次性投资过大，与利用常规能源相比，经济性欠佳，因而制约了它的应用推广。

海水腐蚀现象

由于技术所限，目前开发利用海洋能的技术装置成本还较高，功率较小，只能作为少数地区和设施的能源补充，尚未充分发挥海洋能在能源领域应有的作用。但海洋能发电前景诱人。有专家预计，在2020年后，全球海洋能源的利用率将是目前的数百倍。科学家相信，21世纪人类将步入开发海洋能的新时代。

人造海上基地

美国能源部于2008年5月中旬宣布，拨款750万美元开发潮汐能、海流能和波浪能。美国能源部正在推进开发新一代技术，以应用于增加使用清洁的可再生能源，从而实现2025年减少温室气体排放的国家目标。

实际上，除了海洋风能、潮汐、波浪外，海流、海水温差和海水盐差等都蕴含着巨大的能量。随着技术的不断发展，这些能量都将逐步被开发利用，海洋电力也必定会持久地成为人类重要而清洁的能源来源。

从技术及经济上的可行性，可持续发展的能源资源以及地球环境的生态平衡等方面分析，海洋能中的潮汐能作为成熟的技术将得到更大规模的利用；波浪能将逐步发展成为行业，由近期的主要采用固定式，发展为大规模利用漂浮式；可作为战略能源的海洋温差能将得到更进一步的发展，并将与海洋开发综合实施，建立海上独立生存空间和工业基地；潮流能也将在局部地区得到规模化应用。

潮汐能的大规模利用涉及大型的基础建设工程，在融资和环境评估方面都需要相当长的时间。大型潮汐电站的研究建设需要几代人的努力。

波浪能在经历了十多年的示范应用过程后，正稳步向商业化应用发展，且在降低成本和提高利用效率方面仍有很大技术潜力。依靠波浪技术、海工技术以及透平机组技术的发展，波浪能利用的成本可望在5～10年的时间内，从目前的基础上下降2～4倍。美国对海洋能潜力做出了评估。评估认为，波浪能资源为每年约210万吉瓦·小时(所有海岸线每年平均波浪能发电量可大于10千瓦/米)。这些波浪能可分解如下：阿拉斯加(仅太平洋沿岸)125万吉瓦·小时；加利福尼

亚北部、俄勒冈州和华盛顿州44万吉瓦·小时；夏威夷州和中途岛33万吉瓦·小时；英格兰和大西洋中部各州10万吉瓦·小时。潮汐能每年资源量约为11.5万吉瓦·小时，其中，10.9万吉瓦·小时在阿拉斯加，仅6000吉瓦·小时在大陆所在地。

世界海洋能研究

美国一家研究公司于2010年1月20日发布的水动力和海洋能预测报告，在今后5年内，即到2015年，来自海洋和河流的水动力能将增长到22吉瓦。然而，增长将取决于两个主要项目：英国的14吉瓦潮汐阻拦和菲律宾2.2吉瓦的潮汐围栏。仅在欧盟，估算到2020年有高达1万兆瓦能力将投入市场，到2050年将增加到2万兆瓦。在美国，到2025年，可能会增加2.3万兆瓦水力资源，主要来自海洋和潮汐流。

调查显示，在全球有50多家公司，在美国也有17家公司正在建立海洋能源的发展模式。现在已经有34家开发潮汐能的公司和9家开发波能的公司注册。同时，还有20个潮汐能公司、4个波能公司和3个海洋能源开发公司得到批准。

第三节　魅力无穷的海洋能

来自海底的巨大瀑布

“飞流直下三千尺，疑是银河落九天。”古诗中描述的瀑布十分壮观。大家对陆地上的瀑布都有所了解，但是你知道吗？在海底也藏着巨大的瀑布呢！

世界之大，无奇不有。海洋学家在冰岛和格陵兰岛之间的大西洋海底，发现了一个名叫丹麦海峡的海底特大瀑布，瀑布高3500米，比安赫尔瀑布还要高3倍多。

安赫尔瀑布

海洋学家在格陵兰岛沿海的航线上，测量海水流动的速率时，无意中发现了这条瀑布。当科学家们把水流计沉入海中后，水流计连续被强大的水流冲坏。后来发现，这里的水流汹涌，是由于巨大的海水从海底峭壁倾泻而下造成的。形成的瀑布宽约200米，深200米。据估计，每秒钟就有多达50亿升的海水从水下峭壁倾泻直下，水量之大十分惊人，它相当于在一秒钟内将亚马孙河水全部倒入海洋流量的25倍，但人类还无法目睹这一海底奇观。

这个世界海底最大的瀑布处在丹麦海峡海面之下，它每秒携带

500万立方米的水量飞流直下200多米后沿一缓洋坡顺流而下。这一水体形成了北大西洋深层水。

其他海底大瀑布

安赫尔和瓜伊拉瀑布与丹麦海峡大瀑布相比显得又矮又小。世界大河亚马孙河每秒仅有20万立方米的水汇入海洋，与丹麦海峡瀑布水量难以相比。此外根据海洋学者在大西洋的考察，近年还发现了其他一些海底大瀑布，它们是：冰岛－法罗瀑布、巴西深海平原瀑布、南设得兰群岛瀑布和直布罗陀海峡瀑布等。上述瀑布除直布罗陀海峡瀑布是由盐度差异驱动形成之外，其他瀑布均是由温度差异形成的。

有趣的是，丹麦海峡大瀑布以及其他的海底瀑布，具有控制不同地区海洋的水温及含盐度的奇妙作用。正像一个平底锅中水的环流那样，如果平底锅一端被加热，而另一端却是冷的，那冷端的凉水将迅速沉到锅底并向热端扩散。若锅底出现了“海底山脉”或“山脊”，大量冷水将聚积在山脊背后，最终冷水会溢出而形成瀑布。由于倾下的冷水会与较热的水混合并很快扩散，这样海底瀑布就能促使北极海区低温、含盐量大的海水向赤道附近的暖区不停地流动。

人们早在100多年前就指出，在有限的海洋区域的巨大深度上有着规模宏大的海底瀑布。20世纪60年代以后，由于出现了电子仪器，才得以对这种世界奇观的存在进行核实。考察发现，海底瀑布的产生是海水对流运动的直接结果，大块流体的运动驱使了热量的转移。海底瀑布乃是由海底垂直地形引起的海水下降流动。它在维持深海海水的化学成分和水动态平衡中起着决定性的作用，并且影响着世界气候的变化和生物。

海流成为摇钱树

秘鲁位于太平洋的东南岸，海岸线长达2200多千米。秘鲁沿海是世界上有名的渔场。在20世纪50年代，秘鲁的渔业产量已有十几万吨，到了1962年以后，渔业发展更快，捕鱼产量达到696万吨，跃居当时世界第一位。此后，逐年递增，到1970年，突破1000万吨大关，达到1300多万吨，秘鲁成为世界著名的渔业大国。与此同时，引来成群结队的海鸟，在沿岸与岛屿上积

布满鸟粪磷矿的岛屿

存了巨量的鸟粪层磷矿。秘鲁每年有几十万吨鸟粪和大量的鱼粉出口，为秘鲁换回巨额外汇，成为其重要经济支柱。秘鲁发达的渔业引起世界的关注，丰硕的成果，使秘鲁人也感到惊喜。

是什么给秘鲁创造如此丰富的渔业资源呢？科学家们经过调查研究，终于解开了这个谜，原来是海流的功劳。流经南美沿岸的秘鲁海流是一支冷洋流，在几乎与秘鲁海岸平行的东南信风的吹送下，表层海水离岸外流，深层海水上涌补充，同时将营养盐类挟至上层，因而浮游生物繁盛，吸引大量秘鲁沙丁鱼等冷水性鱼类在这儿繁衍、栖息，使该地区成为著名的东南太平洋渔场。就是说，形成秘鲁渔场的，是一种在垂直方向上流动的海流，叫做上升流。由于上升流的速度太小，大约每秒钟只上升千分之一厘米，每天上升不足1米，不容易被察觉出来。但是，人们也慢慢地揭开了这个秘密。科学家通过对海水温度、盐度的分析，就能找到它的行踪。因为海底的水温一般比较凉，盐度也比较高，上升流能把海洋下层的水带到海面上来。所以，在有上升流的地方，海水的温度比周围低些，在夏季或是热带海域，能比周围低5～8℃；盐度比周围海水也要显著高些。因此，只要发现水温比周围海水低，盐度比周围海水高的海区，一般可以断定，这里存在着上升流。上升流走得慢，是由于它要克服自身的重力，还要顶着上面海水巨大的压力和周围海水的阻力。这就像爬山一样，肯定比走平路的速度要累要慢。

匪夷所思的洋流

在浩瀚无边的海洋里，其实也有和陆地上类似的流动性水流，它是大自然给人类的礼物。那么你知道什么是洋流吗？它又是怎样形成的呢？

大家都知道，北方冬天的天气十分寒冷，家家都有暖气管或火炉。不然的话，脸和手就会冻得红红的，

简直无法生活。可是人工暖气，既消耗能源，花费也很高，而且生炉子还费时费力。

在海洋上的暖流，是大自然给人类安装的不花钱的天然暖气管道。太平洋里的黑潮、东澳大利亚暖流，大西洋的湾流、巴西暖流等，都是这类问寒送暖的海流。不仅如此，这类洋流还可以搬运东西，甚至能够运送到遥远的地方。

第一次世界大战期间，德国军队在西欧沿海港口附近的海域中放置了许多水雷，企图袭击对方的军舰、封锁港口。可是令人意想不到的是，这些水雷不久竟然出现在北冰洋的洋面上，并一一触冰爆炸。当时人们议论纷纷，不明白德国人为什么要在北冰洋安放水雷。德国人对这些水雷为什么从大西洋漂移到北冰洋更是疑惑不解。

还有一件奇怪的事，美国有一个小男孩在海滨玩耍时捡到一只小瓶，他好奇地打开一看，瓶中装着一份英国贵妇人的遗嘱，上面内容是：捡到小瓶的人凭遗嘱可得到一笔数目可观的财产。小男孩感到非常惊讶，做梦也不敢想，天上掉馅饼了，自己居然成了小富翁！

看到这里，大家不禁要问：水雷怎么会从西欧沿岸水域挪到北冰

水雷

洋呢？小瓶又怎么会从英国横渡大洋来到美国呢？原来，这都是“洋流”在做义务搬运工。大海中有一股水流，类似大陆上的江河，它有规律地顺着地球上恒定的风带按一定方向流动，人们称之为洋流。

形成洋流的原因很多，最主要的是大气运动。盛行风吹拂海面，使表层海水随风飘动，上层海水又带动下层海水流动，这样就形成汹涌的洋流。另外，海水密度的差异也是形成洋流的原因之一。例如，地中海海水密度比大西洋高，表层海水便从大西洋流到地中海，底部海水则由地中海流入大西洋。还有，由于风吹、密度差异形成海水流动，使流出海区的海水减少，周围海区的海水便来补充，这也是形成洋流的原因之一。

洋流是造福人类的一种能源。实际上人们已在利用这一能源。譬如，在远洋航行时，轮船顺着洋流行驶便可节省大量燃料。现在，人们不仅仅满足于“随波逐流”，而是考虑如何使洋流能源更广泛地为人类服务，其中最大胆的设想是用洋流发电。

第五章 波浪滚滚送能源：波浪能

“高树多悲风，海水扬其波”。如果说潮汐是地球的呼吸，波浪或许是海洋情绪的不时释放。不可否认的是它的生气更具偶然性。当远处的海面滚滚地涌向滨岸的时候，朵朵浪花不但美丽壮观，而且带来了无穷的能量。这就是我们下面将要介绍的波浪能。

第一节　不断翻滚的波浪

波浪有哪些特征

用来描述波浪特征的量，如波型、浪向、波高、周期、波速、波长等，统称为波浪要素。周期：两个相邻的波峰或波谷通过某一固定点所经历的时间。

跨零周期：在某一固定点的波浪观测记录曲线中，相邻的两个由下向上或由上向下跨过零线的交点之间的时间间隔。

海洋环境监测

谱峰周期：波谱曲线的峰值部分所对应的周期(频率)，即波浪中能量最大的那一部分组成波所对应的周期。

波长：相邻的两个波峰或两个波谷间的水平距离。

波陡：波高与波长之比。

波数：单位距离内所包含的波个数的2π倍(不是一般概念的波的个数)。

频率：在某一固定点，单位时间内通过的波个数。

圆频率：又称角频率，单位时间内通过的波个数的2π倍，或水质点运动以弧度为单位的角速度。

波速：又称相速，波形传播的速度,即单位时间内波动传播的距离。

波型：在波浪观测中，根据波浪的外貌特征，将波浪分为风浪、涌浪和混合浪。

波向：指波浪的来向，以度数或方位表示。常波向即波浪出现频率最多的方向，强波向即出现最大波高的方向。

风向：指风的来向，以度数或方位表示。

在海洋调查和海滨观测中，一般主要观测波型、波向、波高、周期等波浪要素，其他要素均需计算得到。个别的海滨观测中，具备条件时，也可以观测波长和波速。

波涛汹涌的波浪

波浪是海面在外力的作用下，海水质点离开其平衡位置的周期性或准周期性的运动。由于流体的连续性，运动的水质点必然会带动其邻近的质点，从而导致其波形(运动状态)在空间传播。因此，运动随时间和空间的周期性变化为波浪的主要特征。

实际海洋中的波浪是一种十分复杂的现象，人们通常近似地把实际的海洋波浪看做是简单波动(正弦波)，或者把实际波浪看作是由许多振幅不同、周期不等、位相杂乱的简单波动(分波)叠加所形成的。一般从简单波动入手研究海洋波动，因为简单波动的许多特性可以直接应用于解释海洋波动的性质。

跳动的波浪

有趣的波浪家族

海洋中波浪的种类很多，分法不一。按形成的作用力，波浪可分为风浪、潮波和地震波及海啸；按波浪形成和传播及外貌特征，将海面在风作用下所产生的波浪分为风浪、涌浪和混合浪；按相对水深的大小，波浪可分为的深水波和浅水波；按相对振幅的大小，波浪可分为小振幅波和有限振幅波；按波形的传播性质，波浪可分为前进波和驻波；按波浪发生的位置，波浪可分为表面波、内波和边缘波。

1. 风浪和涌浪

风浪指由当地风产生，并且一直处于风力作用之下的海面波动状态。其形态特征是波峰尖削，在海面上的分布很不规律，波峰线短、周期小，具有明显的三维性质(又称短峰波)，波浪传播方向多与风向一致，当风力增大时，波峰常常出现破碎现象，形成白色浪花。

涌浪指海面上由其他海域传来已充分成长的风浪，或者是当地风力已迅速减小、平息，或者

白色的浪花

是当地风向已改变，海面上遗留下来的波动。涌浪的波面比较平坦、光滑，波峰线长、周期和波长较长，在海面上的传播比较规则，二维性质明显。

在某一局部海域观测波浪时，有时可以见到单纯的风浪或涌浪，但多数情况是风浪、涌浪同时存在，即所谓混合浪，但它们的传播方向和波高、周期往往不同。混合浪又分为以风浪为主（风浪波高大于涌浪波高）、涌浪为主和风浪涌浪相当三种情况。

规则波和不规则波

规则波：是为了研究复杂的实际海洋波动的需要，而提出的一种波形如正弦曲线，波高、周期、浪向等波浪要素均大致相同的简单波动，又称为正规波、二维波。除了发展成熟的涌浪较接近于正弦波，一般只有在实验室条件下才可能出现。不规则波：海洋中的实际海浪均是由波高、周期和浪向不同的波浪组成，在时间和空间上波浪要素不规则变化着的，故又称随机波，实际的波浪都是不规则波。

2. 深水波和浅水波

深水波：水深大于波长的一半时的波浪称为深水波，由于这种波动主要集中在海面以下一个较薄的水层内，又称表面波或短波。在深水区传播的波浪，水质点以1/2波高为半径做圆运动，其回旋的周期和波浪传播的周期相等。因为海底摩擦对深水波浪的影响甚微，故传播行程甚远，在到达浅海之前，波浪形态基本上不发生变化。

浅水波的划分有两种方法。一种是将水深小于波长一半海域的波浪统称为浅水波；另一种是将小于波长一半的海域分成两段，其中，把小于波长一半的1/25或1/20水域的波浪称作浅水波。

3. 小振幅波和有限振幅波

振幅波理论和有限振幅波理论均属重力波理论，它们研究的对象是规则波，均是在假定流体为无黏滞性、无旋运动和不可压缩的理想流体，并且流体的表面压力是均匀的，底部是不透水的刚性边界的条件下研究波动的理论。

小振幅波：指振幅相对于波长为无穷小，重力是其唯一外力的一种简单波动，简单波动的特性可以近似地说明实际海洋波动的许多现象，因其具有正弦曲线形式的波面，故又称为正弦波。由于在处理流体

动力方程时，忽略了水质点波动速度的平方项，使流体动力方程变为线性的，因为水质点的速度本身就不大，这样的处理是允许的，因此称这种波动为线性波。

有限振幅波：指相对于小振幅波动而言，具有较大的振幅，其波面在波峰附近较陡，在波谷附近较平缓，是与实际海浪的波高较大，甚至波峰变尖，直至破碎等特点更为相近的一种波动,属于非线性波。

4. 前进波和驻波

前进波：又称进行波，波形不断地向前传播的波浪。

驻波：又称立波，向前传播的前进波遇到立壁被反射回来后，与前进的波相遇而相互重叠，重叠后的波不向任何方向传播，水面仅反复做上下运动。

第二节　威力无穷的海洋波浪能

波浪能的形成

水在其平衡位置附近会作周期性振动，就是说一个水质点从最高点(波峰)经平衡点再往下到达最低点(波谷)，然后再经平衡点回到最高点，就完成一个振动周期。这是因为当水质点离开平衡位置后，有一种力叫恢复力(表面张力、重力等)就力图使它回到原来的平衡位置，但因有一个惯性作用振动仍保持着，并通过其四周的水质点向外传播，这种过程就形成了波浪，看到波浪由这边传到那边。其实一个水质点并没有移动，只是其中能量转移到其他质点上去，让人觉得好像波浪自己会传到很远的地方去一样。

海洋波浪的成因比较多，因此类型也就比较多。其中，风力是波浪的主要成因，由风力直接作用产生的波浪称为风浪，风浪离开风区向远处转播便形成涌浪。风浪到浅水区，受海水深度变化的影响比较大，出现折射，波面不再是完整的而是出现破碎和卷倒，此时称为近岸波，习惯上把风浪和涌浪以及近岸波，合称为海浪，也就是人们常说的“无风不起浪”。除了风力以外，地震也能引起地震波，这种波传到岸时，波高迅速增大，会形成灾害性的海啸，这种海浪呼啸而来，给沿海地区带来可怕的灾难。其实潮波也是一种长周期的重力波，不过它是在引潮力作用下引起的一种波。另外海洋中还有惯性波，是由地转偏向力作为恢复力而引起的波。还有一种周期更长的波是由于地转偏向力随纬度的变化作用力引起的行星波。

可怕的海啸

海洋中“无风三尺浪”，风只是波浪的主要成因之一，还存在着许多作用力可以使海水振荡起来形成波浪。

地球表面有超过70%以上面积是海洋，广大面积的海洋（可以说是世界上最大的太阳能收集器）在吸收太阳辐射之后，温暖的地表海水，造成与深海海水之间的温差，由于风吹过海洋时产生风波，这种风波在宽广的海面上，风能以自然储存于水中的方式进行能量转移，因此波浪能可以说是太阳能的另一种浓缩形态。

同时，波浪能是海洋能源中能量最不稳定的一种能源。波浪能是由风把能量传递给海洋而产生的，它实质上是吸收了风能而形成的，它的能量传递速率和风速有着非常紧密的关系。

波浪能的无穷威力

海浪的破坏力大得惊人。扑岸巨浪曾将几十吨的巨石抛到20米高处，也曾把万吨轮船举上海岸。海浪曾把护岸的二三千吨重的钢筋混凝土构件翻转。许多海港工程，如防浪堤、码头、港池，都是按防浪

标准设计的。

在海洋上，波浪中再大的巨轮也只能像一个小木片那样上下飘荡。大浪可以倾覆巨轮，也可以把巨轮折断或扭曲。假如波浪的波长正好等于船的长度，当波峰在船中间时，船首船尾正好是波谷，此时船就会发生“中拱”。当波峰在船头、船尾时，中间是波谷，此时船就会发生“中垂”。一拱一垂就像折铁条那样，很快就可以把巨轮拦腰折断。20 世纪 50 年代就发生过一艘美国巨轮在意大利海域被大浪折为两半的海难。此时，有经验的船长只要改变航行方向，就能避免厄运，因为航向改变即改变了波浪的“相对波长”，就不会发生轮船的中拱和中垂现象。

波浪能的特点

综合来看波浪能具有如下特点：

1. 能量密度小、运动速度较慢

波浪能是一种散布在海面上的低密度不稳定能源，其 1 米波前的能量通常在 20 ~ 80 千瓦之间，而且波浪的运动速度比较慢，由波浪形成的水头一般只有 2 ~ 3 米，不

防浪堤

适于直接用来驱动原动机。

基于以上特点，要利用波浪能，就要求波浪能发电装置能够充分地吸引分散在海面上大面积的波浪能，并转换成集中的能量，以驱动发动机、带动发电机而发电。在这方面已经研制的方法有：将波浪能变为高速气流的动能驱动空气涡轮机；或变为高压油的压力驱动油马达；或变为高水头水流的热能驱动水轮机等等。

有趣的波浪运动

波浪是一种短周期的海水运动形式，每个周期内海水的运动方向循环一次，传递给波浪能转换装置的力的方向也改变一次。通常发电机的转向在工作期间是不变的，因此要利用特定的装置将这种往复式的运动转变成转向不变的圆周运动。

2. 不稳定

波浪能受风的影响，其能级变化大，且不规则。因此，波浪能发电应并入当地电网，和其他发电站所发的电能一并使用。

3. 工作环境恶劣

波力发电的另一个困难之处在于波浪的狂暴和反复无常，使得波力发电装置必须在极其恶劣的工作条件下运转，这就要求所设计的波浪能发电装置从外部到内部结构都能适应恶劣的工作环境。这样就带来一系列技术上的、经济上的问题。

此外，还存在海水对机组及水工建筑物的腐蚀以及海洋生物的附着等问题，处理方法和潮汐能开发装置相仿。

第三节　愤怒的“蛟龙”能发电

波浪能发电

1. 波浪能发电原理

波能利用的原理主要有三个基本转换环节，即第一级转换、中间转换和最终转换。

(1) 第一级转换

第一级转换是指将波能转换为装置实体所特有的能量。因此，要有一对实体，即受能体和固定体。受能体必须与具有能量的海浪相接触，直接接受从海浪传来的能量，通常转换为本身的机械运动；固定体相对固定，它与受能体形成相对运动。

波力装置有多种形式，如浮子式、鸭式、筏式板式、浪轮式等，它们均为第一级转换的受能体。此外，还有蚌式、气袋式等受能体，是由柔性材料构成的。水体本身也可直接作为受能体，而设置库室或流道容纳这些受能水体，例如波浪越过堤坝进入水库，然后以位能形式蓄能。但是通常的波能利用，大多靠空腔内水柱振荡运动作为第一级转换。

按照第一级转换的原理不同，波能的利用形式可分为活动型、振荡水柱型、水流型、压力型四类。其中活动型最早是以鸭式为代表，因为其形状和运动特点像鸭子点头，故也称点头鸭式。这种装置在波浪的作用下绕轴线摇动，把波浪的动能和位能转换为机械能，转换效率高达 90%。但这种机构复杂，在完成模型试验后未能获得广泛的实际应用。振荡水柱型采用空气做介质，利用吸气排气压缩空气，使发电机旋转做功，实际应用较广。水流型

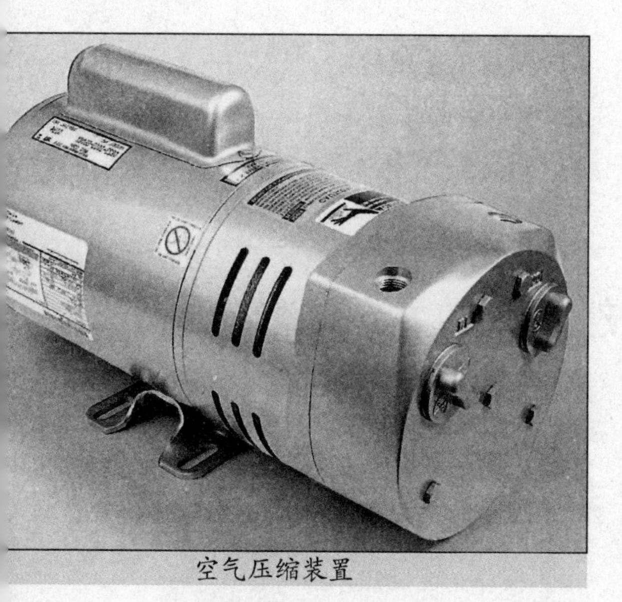
空气压缩装置

是利用波能的位差。压力型主要是利用波浪的压力使气袋压缩和膨胀，然后通过压力管道做功。

从波浪发电的过程看，第一级收集波能的形式是先从漂浮式开始，要想获得更大的发电功率，用岸坡固定式收集波能更为有利，并设法用收缩水道的办法提高集波能力。所以大型波力发电站的第一级转换多为坚固的水工建筑物，如集波堤、集波岩洞等。

在第一级波能转换中，固定体和浮体都很重要。由于海上波高浪涌，第一级转换的结构体必须非常坚固，要求能经受最强的浪击和耐久性。浮体的锚泊也十分重要。

固定体通常采用两种类型：固定在近岸海床或岸边的结构；在海上的锚泊结构。前者也称固定式波能转换；后者则称为漂浮式波能转换。

为了适应不同的波浪特性，如波浪方向、频率、波长、波速、波高等，以便最大限度地利用波浪能，第一级转换装置的类型和外形结构都要充分考虑。其中最重要的是频率因素，无论是浮子式还是空腔式，若浮子、振荡水柱的设计频率能与海浪的频率共振，则能收到聚能的效果，使较小的装置能获得较大的能量。当然，海浪频率是变化的，要按不同海域的变化规律来考虑频率的谐调，以便达到实用化。波能装置的波向性也非常敏感，有全向型和半向型之分。全向型较适用于波向不定的大洋之中，而半向型较适用于离岸不远、波向较固定的海域。

（2）中间转换

中间转换是将第一级转换与最终转换相连接。由于波浪能的水头低，速度也不高，经过第一级转换后，往往还不能达到最终转换的动力机械要求。在中间转换过程中，将起到稳向、稳速和增速的作用。此外，第一级转换是在海洋中进行的，它与动力机械之间还有一段距离，中间转换能起到传输能量的作用。中间转换的种类有机械式、液动式、

气动式等。早期多采用机械式，即利用齿轮、杠杆和离合器等机械部件。液动式波浪能发电主要是采用鸭式、筏式、浮子式、带转臂的推板等，将波浪能均匀地转换为液压能，然后通过液压马达发电。这种液动式的波浪能发电装置，在能量转换、传输、控制及储能等方面比气动式使用方便，但是其机器部件较复杂，材料要求高，机体易被海水腐蚀。气动式转换过程是通过空气泵，先将机械能转换为空气压能，再经整流气阀和输气道传给涡轮机，即以空气为传能介质，这样对机械部件的腐蚀较用海水作介质大为减少。目前多为气动式，因为空气泵是借用水体作活塞，只需构筑空腔，结构简单。同时，空气密度小，限流速度高，可使涡轮机转速高，机组的尺寸也较小，输出功率可变。在空气的压缩过程中，实际上是起着阻碍的作用，使波浪的冲击力减弱，可以稳定机组的波动。近年来采用无阀式涡轮机，如对称翼形转子、S形转子和双盘式转子等，在结构上进一步简化。

空气泵

（3）最终转换

为适应用户的需要，最终转换多为机械能转换为电能，即实现波浪发电。这种转换基本上是用常规的发电技术，但是作为波浪能用的发电机，首先要适应有较大幅度变化的工况。一般小功率的波浪发电都采用整流输入蓄电池的办法，较大功率的波力发电站一般与陆地电网并联。

最终转换若不以发电为目的，也可直接产生机械能，如波力抽水或波力搅拌等，也有波力增压用于海水淡化的实例。

2. 波浪电站的选址

（1）基岩港湾海岸的突出部位和外围海岛的向外海一侧海岸

波浪传入近海、岸边后，会因水下地形影响发生折射而形成辐聚或辐散，从而造成能量的集中或分散，还会因海底摩擦和破碎而损耗能量，这些均是波浪电站选址应考虑的重要因素。例如在弧形的海湾，一般海湾的两侧为向海突出的岬角，其前方海底等深线密集，呈向海突

礁石区

出的弧状分布，且深水逼岸，坡度较大，其后方海岸或是礁石林立，或是悬崖峭壁。这样的地方一般波浪尚未破碎，为波浪折射的辐聚区，波浪因海底摩擦的能量损耗较少，这里是理想的波浪电站站址。外围海岛的向外海一侧和宏观上较平直的基岩海岸上突出的半岛顶端或岬角也具有以上优点。而在弧形海湾的腹部，前方为漫长的浅水区，海底等深线呈向岸突出的弧状分布。这样的地方为波浪折射的辐散区，波浪传至岸边已几经破碎，波浪因受海底摩擦能量损耗也大。这里不宜作为波浪电站站址。一般近岸有漫长浅水区的沙质和淤泥质海岸岸边也是如此。总之，波浪电站应选在波浪破波带以外和波能辐聚区。

（2）前方无岛礁遮挡，且海域开阔的地方

为了使转换装置能吸收来自各个方向的波浪能量，波浪电站应尽量选择在前方无岛礁遮挡、海域开阔的地方，并且最好选取装置能与主波向成正交的岸段，以增加装置的吸能效率。

（3）平均潮差较小

对于固定装置（岸基和浅海桩基式）而言，潮差大是不利的。潮差过大会影响波浪对吸能部件的作用时间，从而降低装置的吸能和发电时间。所以波浪电站选在潮差较

小的地点为好。

电站附近需要适当的经济条件

波浪电站站址附近或腹地应有与电站输出电力相适应的经济规模和社会需求及配套条件。如有适量的居民、生产或海洋开发、国防及科学实验实体等对电力的需求，有便于连接的电网系统，最好有丰富的自然资源，有一定的交通条件，有较好经济社会发展潜力和前景等。

除以上条件之外，还要考虑波浪电站建成不会对周围生态环境产生严重的不利影响。

波浪能的分布

1. 全球波浪能分布状况

（1）太平洋

总体上看，整个太平洋夏季风浪小，冬季风浪大。中纬度和高纬度海区的大浪频率比低纬度海区大。

在太平洋北部，夏季风浪较少，尤其在菲律宾群岛和苏拉威西岛之间海域，大浪很少出现，大浪频率仅在5%以下。北部风浪稍大，大

菲律宾群岛

浪频率在10%以上，阿留申群岛附近可达20%。从秋季开始，风浪逐渐增大，到翌年2月达到最大，特别是北部海域，冬季以强风著称，大风可影响到中纬和低纬地区，大浪区往南可扩展到北纬30°附近。在日本以东的太平洋西北部洋面上，经常有大浪出现，频率达40%以上。

①波向分布。冬季，北部各海区的盛行波向为NW–N（N代表北，W代表西，E代表西），南部各海区则以E–NE为主；夏季，盛行偏南向；春末和秋初则为过渡时期。

各海区的浪向与风向也较一致，但涌向的分布则与风向分布相差较大，这是由于大洋上的涌浪能传到较远的洋面所致。但在北纬20°以南洋面，每年的11～3月由盛行的东北信风造成N–NE向的涌浪与风向很一致。

②波高分布。太平洋西北部全年约有80%的波高小于2.75米，其中经常出现的波高为0.76～1.75每分钟，约占43%。

我国近海及太平洋西北部的平均波高分布很不均匀。高值中心出现在日本以东大洋区，大约位于北纬25°以北、东经135°以东，涌浪高值区的范围稍大于风浪高值区。风浪年平均波高大于1.4米，

渤海湾日出风景

中心最高值为 1.9 米，涌浪年平均波高大于 1.8 米，中心最高值为 2.3 米。两者的高值中心都位于北纬 35° ~ 40° 的纬度带，是著名的太平洋北部暴风带所在地。在菲律宾群岛东北部有一较明显的涌浪高值中心，在北纬 20°、东经 155° 附近，也有一个涌浪高值区。

波浪较小的区域是北纬 10° 以南的海洋以及北部边缘海区，如渤海、北黄海 (山东半岛东端以东，约北纬 37° 以北为北黄海，以南为南黄海。“黄海北部”或“黄海南部”则是较笼统的概念，泛指黄海的北部或南部)、日本海西北部、北部湾等。这些海区的风浪波高一般在 1 米以下，其中又以赤道附近最低，年平均波高小于 0.8 米。涌浪平均波高一般小于 1.4 米，且北部边缘海区的涌浪较赤道附近洋面低，这是由于大洋的涌浪不易传到这些海区。在大洋的琉黄列岛附近有一个波高低值区，它大致位于副热带高压中心的平均位置。黄海、东海、我国的江苏、浙江、上海沿岸的风浪和涌浪都较小。

太平洋西北部的边缘海区，除南海外，其年平均波高分布大致都是北小南大。这是因为在季风影响下，冬季偏北风远比其他方向的风强、持续时间长及出现频率高。而且这些海区的波浪往往是在北部海区生成后向南传播，在传播过程中，风浪不断地发展。还因为黄海南部和东海与大洋相通，大洋的涌浪可从其南部传入，从而增大了南部的波浪。南海的年平均波高分布较为特殊，南海的波浪分布可以北纬 15° 为界分为南北两部分说明。北纬 15° 以北的南海北部波浪分布为东北大、西南小 (北部湾除外)。这是因为该海区东北部有巴士海峡和巴林塘海峡与太平洋相通，又有台湾海峡与东海相连，使得太平洋和东海的较大波浪易于传入，因而使这里的波浪比南海其他海区显著增大。北纬 15° 以南的南海南部波浪分布也呈北大南小的状况。这是因为该海区冬季受大陆季风影响较弱，因而风浪不大，波浪在该海区内衰减较快。

太平洋西北部波浪最大的海区是在北纬 28° 以北、南纬 145° 以东的大洋北部，其次是台湾海峡和南海东北部，在北纬 16°、东经 132° 附近洋面波浪也较高。而在一些半封闭的、不与大洋相通的海和海湾，以及赤道附近的洋面波浪最小。

（2）南大西洋

南大西洋波浪分布的总趋势是：全年波高冬季(7 月) 大于夏季(1 月)，南部大于北部，等波高线除在南美

巴士海峡远眺

洲南部沿岸及近海呈与岸线平行的趋势，沿岸波高1米以上，向外逐渐增大外，其余广大海区基本上是南大北小，等波高线基本呈与纬度平行的趋势。

冬季(7月)，平均波高分布是北小南大。北部在近南美洲一侧有一个波高大于2.0米的高值中心，其他海区波高分布较均匀，为1.0～1.5米。南纬30°以南，等波高线基本与纬度平行，波高由1.5米增大至3.0米，南纬40°以南为波高大于3.0米的高值区，月平均波高最大值为3.2米，出现在非洲西南部沿岸。全年7～8月平均波高最大。

夏季(1月)，平均波高分布与冬季分布趋势基本一致，只是波高数值普遍下降，北部波高大于2.0米的高值中心消失，小于1.5米的低值区向南扩展，月平均波高最小值为1米，出现在非洲中部沿岸(赤道以南)，南部高值区南退、并缩小。

（3）印度洋

印度洋上的风系与太平洋和大西洋不同，所以印度洋的风浪状况与太平洋、大西洋的风浪状况差异较大。

印度洋北部，7～8月，正是西南季风最盛时期，常有狂风暴雨和巨浪出现。在阿拉伯海，季风的平均风速可达16米/秒，大浪频率

高达74%，是世界大洋中大浪频率最高的海区。秋季，由于西南季风逐渐减弱，并转换成东北季风，直到冬季，海面都比较平静。印度洋南部，夏季大浪的出现频率比冬季多，这也是与太平洋和大西洋所不同的地方。

2. 我国的波浪能分布状况

（1）波浪特征

我国沿岸的波浪，多为风浪为主的混合浪。波浪(波高和波向)随季节变化十分明显。另外，地形及天气形势等对局部地区的波浪也产生不同程度的影响，致使我国沿岸波浪的分布及变化更为复杂。因为我国沿岸波浪以风浪为主，以下主要介绍风浪的波向、波高和周期分布变化。

①波向分布。风浪波向主要取决于风向，盛行波向与盛行风向颇为一致。冬季盛行偏北向浪，夏季盛行偏南向浪。春秋季为波向的交替时期。另外，由于各地受地理环境的影响,使波向各有其特殊分布。一般而言，冬季，沿岸自北向南，波向由西北按顺时针方向向东变化；夏季，沿岸自南向北，波向由西南

阿拉伯海风光

按逆时针方向向东南变化。

②波高分布。我国沿岸波高分布总趋势是：我国东海沿岸为北部小，南部大。南海沿岸为粤东和西沙地区大，其他地区小。各地沿岸的平均波高（小时）分布是：渤海沿岸为0.3 ~ 0.5米；山东半岛、苏北、长江口、台湾海峡西岸、粤西、海南岛和北部湾沿岸为0.6 ~ 1.0米；渤海海峡、浙江、福建北部、台湾东部和粤东沿岸为1.0 ~ 1.7米；西沙地区为1.4米左右。东海和粤东沿岸及西沙地区是我国波浪能资源最富集的地区。平均波高的季节变化趋势是，冬季最大，夏季最小。

③周期分布。我国海沿岸波浪周期与波高分布类似，一般为北部小，南部大。南海沿岸粤东大，北部湾小。各地沿岸的年平均周期分布是：渤海为2.0 ~ 3.0秒；渤海海峡为3.6秒左右；山东半岛南岸、苏北和长江口为3.0 ~ 4.4秒；浙江、福建和台湾为4.5 ~ 6.4秒；粤东粤西为3.0 ~ 5.4秒；海南岛和北部湾为2.5 ~ 3.0秒；西沙地区为3.5秒左右。平均周期的季节变化，除个别地段如渤海海峡冬季偏大、夏季偏小外，各地一般变化不大。

（2）波浪资源分布

根据调查和利用波浪观测资料计算统计，我国沿岸波浪能资源平均功率为128.52.万兆瓦。其中，台湾省沿岸最多，占全国总量的1/3。其次，是浙江、广东、福建和山东

风光秀丽的海南岛

航标灯

省沿岸较多，在1609～2053兆瓦之间，合计为7062.36兆瓦，占全国总量的55%。广西沿岸最少，仅80.9兆瓦。其他省市沿岸较少，仅在143.562兆瓦之间。在此指出，因缺台湾省沿岸的波浪实测资料，其波浪能资源理论平均功率是利用台湾岛周围海域的船舶测报波浪资料，折算为岸边数值后统计计算的，未经岸边实测波浪资料验证，只能作为台湾省沿岸波浪能资源理论平均功率数量级的参考。

全国沿岸波浪能流密度分布，以浙江中部、台湾、福建省海坛岛以北，渤海海峡为最高，达5.11～7.73千瓦/米。这些海区平均波高大于1米，周期多大于5秒，是我国沿岸波浪能能流密度较高、资源蕴藏量最丰富的海域。其次是西沙、浙江省的北部和南部，福建南部和山东半岛南岸等能源密度也较高，资源也较丰富，其他地区波浪能能流密度较低，资源蕴藏也较少。

我国沿岸波浪能能流密度分布是：浙江中部、台湾、福建海坛岛以北，渤海海峡和西沙地区沿岸最高。其次，是浙江南部和北部、广东东部、福建海坛岛以南及山东半岛南岸。渤海、黄海北部和北部湾北部沿岸最低。一般岛屿附近比大陆岸边高，近海外围岛屿比沿岸岛屿高。

波浪能发展的前景

波浪比较有利的条件下今后进入能源市场的潜力时，假定的条件是：在今后10年中，对波浪能研

究、开发和示范给予适度的支持，以便能在10年后使波浪能技术变得成熟，并有经过验证的可靠而耐用的设备。

如果那样，依靠组件式设备，波浪能就可成为一种在边远地区用以替代柴油和其他能源的新能源。太平洋和加勒比海的一些岛屿将是开发利用波浪能的主要市场。现在那里每人每天的用电量约为2千瓦·小时，其中一半可由新能源代替；到2020年，波浪能发电可占领替代能源市场的1/3。

此外，还有第二市场，即海水淡化，也可由波浪能占领。海水淡化市场包括干旱地区的迎风沿海和一些岛屿。而且这个市场要比替代能源市场大一倍。现在这些地区每人每天的需水量约40升，到2020年，随着人口的增加，50%的用水将来自淡化水。波浪能可能会占领淡化水市场的三分之一。

如果进一步加强研究和开发，使波浪能发电成本进一步下降，从而能在供电系统中取代热力发电的话（这种可能性不大，无须进一步考虑），波浪能的利用程度将会比前面描述的提高一个数量级。

即使在比较不利的条件下，即波浪能研究、开发及示范工作得到的支持很少，核算常规能源成本时不考虑环境代价，并且波能发电的成本与效益比没有什么提高，在波候条件较好的边远地区，波浪能仍

风力发电网

有可能取代柴油发电，但在供电市场和淡化水市场中的占有额将会比较小。

从几个方面来看，目前波浪能技术尚不成熟。现在无法比较确切地判断已研制出来的那些装置中是否采用了最好的技术，或者是否还可研制出更好的技术。此外，目前还没有足够的经验来预测现已投入使用的那些设备的寿命，也没有足够的经验来预测运行或维修方面的问题，或预测是否可通过改进设计来减少这些问题。

随着技术的逐步成熟，今后波浪能的成本会明显下降，总体性能会有较大的提高。波浪能技术何时能达到成熟阶段，取决于能否不断地对研究与开发给予适当的支持。当前，开发波浪能资源的风险很大，而投资的回报又很遥远，因此难以吸引私营企业的投资。能否对示范项目给予支持以及能否为初期的商业项目制订鼓励政策，也将影响着波浪能技术成熟的时间。

对波浪能在未来能源市场中的位置所做的估计，虽然不很确切，但是下述结果是很可能的：在较为有利的条件下，到2020年，波浪能每年可提供12亿千瓦·小时；在最好的条件下(但这是不大可能的)，波浪能电力可达100亿千瓦。这些电力分别相当于2.5吨油当量，0.2吨油当量和22.3吨油当量。

波浪能发电的早期利用

20世纪60年代初，日本的益田善雄研制成功航标灯用波浪发电装置，开创了波能利用商品化的先例，也是迄今最成功的商业化波能产品。

最早的波浪能发电专利

波浪能是全世界被研究得最为广泛的一种海洋能。波浪能研究被称作为发明家的乐园。最早见于文字的波能装置专利，是1799年法国人吉拉德父子所提出的。在20世纪60年代以前，付诸实施的装置至少10个以上，遍及美国、加拿大、澳大利亚、意大利、西班牙、法国、日本等。

70年代，在受到石油危机冲击之后，许多工业化沿海国家陆续开始对波浪能进行有计划的研究开发。以英、美、挪、日为代表的各国专家在对众多的波能转换装置进行了较全面的实验室研究后，筛选出几种有前途的转换方案。80年代以来，

波浪能利用不再以在近海、沿岸布放众多转换装置阵列的大规模、商业化开发为目标，而转向以为边远沿海和海岛供电的中小型实用化、商品化装置为目标，进行应用示范研究，并基本建立了波浪能装置的设计理论和建造方法。

70年代末和80年代中期，日本海洋科学技术中心与美国、英国、挪威、瑞典、加拿大等国合作，将几种转换装置安装在漂浮式载体，即著名的“海明”号船上，进行了两期联合试验研究。在降低发电成本、装置载体系泊和向陆地送电等一系列技术问题上取得了一批成果。但“海明”号的发电效率却令人失望，仅约为6.5%。

全世界近30年建造的波能示范和实用装置在30个以上。日本是近年来研建波浪电站最多的国家，先后建造了漂浮式振荡水柱装置、固定式振荡水柱装置和摆式装置10多座。其装置的特点是可靠性较高，而效率较低。

20世纪90年代，在有利的大环境下，波浪能作为海洋能开发技术中较为成熟的一种，因其产品在海岛地区有广阔的市场，据欧盟专家预测在40多个国家的市场潜力约为70亿美元，又在世界范围内重新

海水淡化模型展示

受到重视。开展波能利用研究的国家有 20 多个。尤其是英国、日本、挪威等国对波浪发电的研究最为踊跃，其技术已基本成熟。

波能利用技术已经历了装置发明、实验室试验研究、实海况应用示范等几个阶段，设计和建造中的问题也已基本解决，现在已具备应用条件。下一步是建造达到商业化利用规模的波能装置，实现降低成本、提高效率和可靠性的目标。

我国波浪发电研究虽然起步较晚，但在国家科技攻关、“863”计划支持下，发展较快。微型波浪发电技术已经成熟,并已商品化。但是，我国波浪发电装置示范试验的规模远小于挪威和英国，转换方式类型远少于日本，且装置运行的稳定性和可靠性等还有待研究提高。

第四节　著名的波浪能发电站

早期的波浪发电站

早期的波浪发电是一种浮标式波力发电装置，此装置多为中心管式的，它虽然具有简单、是由传统浮标改造而成等优点，但也有重量大(达5吨多)、对周期较短的波浪不易做出回应、吃水深等特点，目前只适用于水较深、波高≥0.3米、波周期≥2.5秒的水域。

日本益田善雄之子和西川公一发明的后弯管浮标式波力发电装置，克服了上述缺点。后弯管浮标由弯管和浮室组成，弯管背对来波方向，向后开口，故名后弯管。这种浮标不仅可以利用浮标的升沉运动，还可以利用浮标的纵荡运动，更主要是利用浮标的纵摇运动，激励弯管内的水柱振荡，从而使弯管上部气室发生吸气、排气，把波浪能转换为往复空气动能，推动涡轮发电机组发电。它重量轻，通常只有2～3吨；吃水浅，仅1米左右。目视尺寸相同情况下，其气室面积

海上浮标

比中心管浮标式气室面积大得多，在浅水微浪水域的性能也比后者优越得多。月起投放在珠江口伶仃洋北端、上横档岛北面水域，进行实用试验。

“海明号”波力发电船

日本是波力发电实用化的先驱，在空气室内靠波浪造成的K. / J变化进行发电，早在1965年就已研制出输出功率10瓦级的浮标灯，已经投入实际应用，现在已有600多台这种浮标在运行中。1970年，日本海洋科技中心依据同样原理研制出最大输出功率达2000千瓦的“海明号”船型发电装置。

第1期海上试验在1978 ~ 1980年进行，开始时装3台2阀式空气涡轮发电机组，涡轮直径1.4米，每台机组额定功率为125千瓦，后来增装4阀式机组5台，总共8台机组（发电工艺流程基本上如前面所述）。“海明号”试验的成就是研制了20世纪最大出力的波力发电装置，实现了无故障运行，年发电量19万千瓦时。运行较好的1台机组在有效波高为3米时最大发电功率为110千瓦，每台平均17.5千瓦。验证了系泊安全，实现了小规模的自海上浮体通过海底电缆向陆上送

发电船

电的计划，有 1 台机组与陆地电网并网 (冬季 3 个月)。但是，它的发电成本为常规电站的 10 ~ 20 倍。1980 年以后，“海明号”又进行过结构与性能的改进试验。

珠江口大万山岛波力试验电站，是我国第一座岸式波力电站，由广州能源研究所研建。波力发电装置的空气涡轮机的转轮叶片是对称结构，转轮外径为 1 米，采用变速恒频交流发电机，额定转速 1780 转 / 分钟，工作转速变化范围 900 ~ 2200 转 / 分钟。

在研建初期，海水波浪高按 3 米设计，涌入空气室后水柱可达 7 米高，涡轮发电机组计划安在空气室上方的台板上，但台风来临后使室内水栓喷射高度达 50 米左右，并将厂房冲毁。为了电站的安全将原电站结构进行了 3 项改造。

第六章
冷暖交替蕴电能：温差能

我们都知道海洋中存在着无限的潮汐能、波浪能和海流能。但是你知道吗？海洋中也蕴藏着无穷的海洋热能，也就是我们常说的温差能。海洋是一个巨大的太阳辐射“接收器”。当海洋受太阳照射时，会把太阳辐射能转化为海洋热能。尤其在热带和亚热带地区，表层海水保持在25~28℃，几百米以下的深层海水温度稳定在4~7℃，用上下两层不同温度的海水作热源和冷源，人们就可以利用它们的温度差来发电。

第一节　取之不尽的温差能

海洋温差能如何形成

海洋存在着波浪、潮汐和海流等由海水运动而形成的能量。这是直观的，易于为人理解的海洋能形式。海洋温差能或称海洋热能的存在则是一般人所不容易了解的。要了解海洋热能首先必须了解海洋中海水的温度的分布规律。热带和亚

海水蒸发现象

热带的海洋，其海水温度从海面到海底形成了三层结构。靠近海面这一层叫做混合层，其特点是温度比较高，可达25%～30%，整层的温度比较一致。混合层下面是温跃层，其特点是随着深度的增加，海水温度迅速下降。温跃层以下就是深海冷水层了。在1000米左右的深度，海水终年保持着4℃左右的温度。这样，在混合层和深海冷水层之间，存在着20℃左右的温差。有温差就有动力。这个温差虽小，但是海洋水体巨大，因而其能量十分巨大。这就是我们所说的海洋热能。

海洋热能，或叫温差能，来自于太阳。地球的表面71%为海洋所覆盖。从太阳辐射到地球表面的大部分太阳能为海洋所吸收。海洋每天从太阳得到的热能约等于350×10^8吨石油燃烧的热量。海面所吸收的太阳辐射能60%被表面1米厚的海水所吸收。到20米深处，太阳辐射能已完全为海水所吸收。海洋表层的海水在风浪、海流和潮汐等作用下有较明显的垂直方向的运动，从而海面所吸收的太阳辐射能得以向较深处传播。这一存在着垂直方向混合运动的海水层就是上述的混合层。混合层的厚度一般可达100米，在季风区可达200米厚。海洋表面在吸收太阳辐射的同时，也以海水蒸发、向大气的长波辐射等形式向外散热。混合层的吸热和散热处于动态平衡之中，也就是说混合层的海水温度是相对稳定的。特别是在南北纬20°之间的热带和亚热带海域，混合层的温度终年都在25℃以上。热带海区混合层的温度可在28~30℃。太阳辐射有昼夜和季节的周期性变化，因而混合层海水的温度也有相应的昼夜和季节的变化。由于海水的热容量巨大，因而昼夜温度变化幅度只有0.5℃左右，波及的深度也很小。季节性的温度变化可波及整个混合层，其温度变化幅度也大一些，在低纬度海区约为2~3℃，在中纬度海区可在10℃以上。

你知道吗

海洋深处是个冷库

在地球的两极海面，由于太阳的辐射很弱，气候严寒。极地冷海水下沉到大洋底部，然后向赤道海区缓慢移动。从而，大洋底层充满来自极地的冰冷海水。在3000米以下，终年温度约0~2℃，往上水温有极缓慢的增长。在600~1000米的深度，水温约4~6℃。据估计，海洋中0～6℃的海水占总水量的75%。因此，海洋深处是个巨大

的冷库。

海水温度的三层结构出现在中、低纬度的海洋。高纬度海洋这三层结构不明显，或只是季节性出现。南北纬 20° 之间的海洋，其表层和 1000 米深处的海水之间终年存在 20℃以上的温差，是利用海洋热能的最佳区域。我国的南海和台湾省东部海域都是开发海洋热能的最佳区域。

海洋里的无限热能

温差能也称海洋热能，它是海洋上层温海水与深海冷水间存在温差而蕴有的能量。海洋热能来源于太阳能，是储存于海水中的太阳能，因此是一种可再生能源。地球表面70%为海洋所覆盖，水体巨大，所包含的热能十分庞大。据估计，海洋热能的能量比其他各种海洋能源，如波浪能、潮汐能、海流能的总和还要多。

夏威夷风光

最早提出开发海洋热能想法的人是法国学者雅克·德·阿松瓦尔，时间是 1881 年。过了半个世纪，1930 年，另一位法国人克劳德在古巴马坦萨斯湾建成一台海洋热能发电的试验装置，发出 22 千瓦的电力，但该装置所发出的电力还小于其自身耗电，因此不能算是一次成功的试验。再过了将近半个世纪，直到 1979 年 8 月，人类才第一次成功地进行了海洋热能发电的演示。该发电装置装在夏威夷自然能源实验室附近海面的海军驳船上。该处上层海水温度为 28℃，670 米深处的海水温度为 3.3℃。其发电功率为 50 千瓦，扣除循环自身用电后的净输出功率为 10 ~ 15 千瓦。试验持续了六个月，这是世界上首次成功的海洋热能发电试验。

温差能有什么优势

1. 稳定性

稳定性是海洋热能一大优点。大多数可再生能源，如太阳能、风能、

波浪能、潮汐能都是不稳定或是周期性的，其开发利用都会碰到复杂昂贵的蓄能问题。而海洋热能本身就是储存在海洋中的太阳能，海洋就是一个巨大的储能器，由于水体巨大，温度十分稳定，其昼夜温差变化可以忽略，季节性温差变化只有 2 ~ 3℃，并且是有规律、可预测的。因此海洋热能电站可以发出连续稳定的电力而不需设置蓄能装置。这可以大大降低海洋热能的开发成本。

2. 可再生性

海洋热能来自于太阳能，每天都可以得到补充，因此是取之不尽、用之不竭的。

3. 能量品位高

海洋热能的温差只有 20℃左右，与常规能源，甚至与许多可再生能源，如地热能、生物质能比较起来，其品位是非常低的。但是从单位水体所含有的能量来说，其能量头和水能是同一个数量级，远比波浪能、风能高。

4. 资源处于远离大陆的海洋环境

海洋环境的自然条件较陆地复杂困难，海中的风、浪、潮汐、海流和灾害性天气以及海水腐蚀、海洋生物的玷污都是在建立海洋热能能量转换装置时必须考虑的因素。海洋热能远离大陆，因此海洋热能开发还存在一个能量传输问题。必须指出的是，在南北纬 10℃之间的热带海洋没有大风暴，是开发海洋热能的最佳区域。

海洋风暴

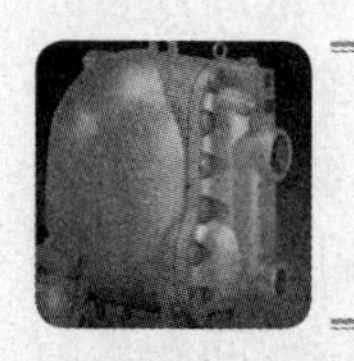

第二节 温差能发电

温差能如何发电

海洋温差能发电原理用液态氨作为工质，在蒸发器中吸收表层海水的热量而蒸发成氨蒸汽，蒸汽推动汽轮发电机发电；做完功的氨再送进冷凝器，由深层海水冷凝回复液态，然后再用泵把液态氨送到蒸发器中经表层海水加热使氨蒸发，推动汽轮发电机发电，如此反复循环。

蒸发器

温差能发电包括哪些装置

发电系统包括：①构成发电循环的设备：蒸发器、汽轮发电机、冷凝器、工质循环泵、工质、辅机（控制系统、除气器、预热器、轴封润滑装置、工质净化器装置及生物污染清洗装置）；②海洋结构物：海洋结构物主体、冷水取水设备（冷水取水管、过滤网、冷水泵）、温水取水设备（过滤网、温水泵、取水管）、电站定位设备（锚、沉块、系留索）等。

海洋温差能发电过程如下：

①将海洋表层的温海水抽到常温蒸发器，在蒸发器中加热氨水、氟利昂等液态工质，使之蒸发成高压气态工质。

②将高压气态工质送到透平机，使汽轮机转动并带动发电机发电，同时高压气态工质变为低压气体工质。

③将深水区的冷海水抽到冷凝器中，使由汽轮机出来的低压气态工质冷凝成液态工质。

④将液态工质送到压缩器加压后，再将其送到蒸发器中去，进行新的循环。

另外，温差能发电需要有以下转换系统：

1. 开式循环系统

开式循环使用水作工质，温海水进入闪蒸器，在负压（大约0.025绝对大气压）下闪蒸汽化，产生的蒸汽进入汽轮机做功，乏汽排入冷凝器冷凝成水，冷凝水再由冷凝水泵排出。由于冷凝水不返回到循环中，因此称之为开循环。

开式循环使用水作工质，不会对环境造成任何污染。开式循环由于不存在一定要回收工质的问题，因此可以使用混合式冷凝器和闪蒸器。这些设备不存在金属换热面，结构简单，金属耗量少，成本低。更重要的是，由于没有金属换热面，因此也就不存在换热面的玷污、结垢和腐蚀等问题，这给运行维护带来极大的方便。

开式循环所产生的冷凝水是淡水，海洋中淡水是宝贵的副产品。每发一度电约产生80千克冷凝水，一个10万千瓦的海洋热能电站每小时可产淡水8000立方米。但是，如果要回收淡水，那就要使用表面式冷凝器。也可以根据淡水的需要量，只让一部分乏汽由表面式冷凝器冷凝下来。

开式循环系统工作在很高的真空度条件下，10℃时水的饱和蒸

冷凝水泵

汽压仅有0.0012兆帕斯卡绝对压力左右。因此随时抽除漏入系统的不凝结性气体，保证系统能正常工作也是一项十分重要的任务。采用混合式冷凝器和闪蒸器的开式系统，由于温、冷海水均直接进入到系统内，溶解在海水中的不凝结气体会释放到系统内。这将增加抽除不凝结气体的负担，对此必须给予足够的重视。

开式循环另一个关键设备就是大流量、低焓降的汽轮机。海洋热能条件下，蒸汽的绝热焓降很小，只有80千焦/千克左右，因此这将是一台单级汽轮机。在10℃左右，饱和水蒸气具有100立方米/千克的巨大的比容，估计每个千瓦的容量需要0.02平方米的通流面积。对于单机容量为10万千瓦的海洋热能汽轮机来说，其转子的直径将超过50米。这样一个庞然大物，不要说制造，其运输和安装都将是一个工程难题。估计开式循环海洋热能汽轮机的单机功率将极为有限。即使单机功率降为2.5万千瓦，其转子直径也将超过25米，相当于目前的大型风力发电机的转子。因此，海洋热能汽轮机相当于一台工作在风速近400米/秒的超级大风中的风力机。当然，由于海洋热能汽轮

机中蒸汽的密度还不到空气密度的1%，因此汽轮机叶片所受的作用力将远远小于400米/秒大风的作用力。虽然如此，但这台汽轮机叶片的气动和强度设计仍然不是一件轻松的事。

我国的南沙群岛和西沙群岛远离大陆，缺少能源和淡水。但是，这两个群岛都位于开发海洋热能最佳区域。开式海洋热能循环发电既能提供电力，又能提供淡水，最适合这些岛屿的需要。这些地方只要有了永不枯竭的电力和淡水，人类就可以在此生存，建设人工岛，开发海洋资源，开辟我们的新边疆，维护国家主权。因此，开式循环的重要性必须得到国家的重视。

2. 闭式循环系统

闭式循环又叫中间介质法循环，其特点是使用低沸点流体代替水作循环的工质。低沸点工质不抛弃而回收使用，其流程形成一封闭回路，因此称之为闭式循环。

首先，低沸点工质在蒸发器中吸收温海水的热量而汽化。工质蒸汽进入汽轮机膨胀做功。乏汽进入冷凝器中被冷海水冷凝成液态工质，再由工质泵升压打进蒸发器中蒸发汽化。这样，低沸点工质构成一个

汽轮机

封闭循环，从而源源不断地把温海水的热量转化成动力。

采用闭式循环有什么优点呢？从上述开式循环中我们看到，开式循环的一个很显著的缺点是低压下水蒸气的比容太大，从而使得汽轮机体积庞大，单机功率受到很大的限制。使用低沸点工质就可以克服这个缺点。选择合适的低沸点工质，可以使得在海洋热能温度范围中，工质的饱和蒸汽压力为一个不太高的正压。这样的工质蒸汽具有比较火的密度，其体积流量将大大小于相同温度下的饱和水蒸气，从而可使低沸点工质汽轮机体积大大缩小，突破开式循环的单机容量受限制的问题。这一点，对于大规模开发海洋热能来说是特别重要的。

闭式循环的工质选用是一个十分重要的问题。理想的工质必须具有良好的物理化学、热力学、传热和流体力学等综合性能。选择工质时必须考虑如下几项原则：

①工质的工作压力要适中，使整个循环处于一个不太高的正压之下。

②单位功率的工质体积流量要小，有利于减少设备尺寸。

③化学性能稳定，不易老化分解。

④不易燃，不易爆，无毒性，不污染环境。

⑤对金属无腐蚀作用。

⑥用过的工质易于处理或再生。

闭式循环中，温、冷海水都不直接与工质接触，不会发生溶解在海水中的不凝结气体进入循环系统的问题。另外，其系统中工质蒸汽压力一般均大于大气压，从而闭式系统运行时不须抽除不凝结性气体。这样可以减少用电。

使用闭式循环克服了海洋热能电站单机功率受限制的缺点，低沸点工质汽轮机的体积和成本大大低于开式循环汽轮机。但是，采用闭式循环又带来其他一些问题。

首先，闭式循环必须使用体积巨大的表面式蒸发器和冷凝器。前面说过，海洋热能发电的热效率是非常低的，只有2%左右。这就意味着蒸发器和冷凝器都要传递比发出的功率大50倍左右的热量。而同时，由于海洋热能的温差非常小，蒸发器和冷凝器的可用传热温差只有4～5℃。因此，其蒸发器和冷凝器的传热面积将十分巨大。一个10万千瓦的闭式循环海洋热能电站的蒸发器和冷凝器的传热面积均达100万平方米左右，消耗的金属量均在万吨左右。这么庞大的换热器，其运行维护将是一项困难的任务。可以说，闭式循环把技术难题从汽

换热器

轮机转到了蒸发器和冷凝器上了。其次，由于使用了表面式的蒸发器和冷凝器，传热面不可避免的玷污将增大传热热阻，减少有用的温差，这将导致发电能力的下降。

除此之外，闭式循环不能副产淡水，这就使其经济价值进一步减少。当然，对于漂浮式电站，淡水的经济价值比较有限，这个缺点还不成为一个大问题。对于海岛上的固定式电站，使用闭式循环的这个缺点就不能忽视了。

混合式循环系统

这也是一种可能的海洋热能发电方式，它把开式循环和闭式循环结合起来，可以同时产生电能和淡水。混合式循环保留了闭式循环的整个回路。但是它不是把温海水直接通进蒸发器去加热低沸点工质，而是用温海水减压闪蒸出来的蒸汽作为蒸发器的热源。这样做可以免除蒸发器被海水腐蚀和海生物玷污，同时还可以得到淡水。此外，蒸发器的高温侧由原来液体对流换热转变为蒸汽冷凝换热，其放热系数可以有较大提高，从而可以减少蒸发器的换热面积。但是，混合式循环增加了海水闪蒸汽化这一环节，消耗了一部分温海水的温位，导致单位流量海水的发电量减少。这是混合式循环的明显缺点。

3. 全流循环系统

在上述的开式循环中，只有一小部分闪蒸成蒸汽的温海水参加到

热力循环中，大部分稍为降低了温度的温海水被抛弃掉了。为了把温海水所含的热量完全利用到其温度等于冷海水的温度，有人提出全流循环的概念。全流循环是指在循环中全部工质(温海水，包括气、液两相)均参与膨胀做功的循环。

（1）基本的全流循环

从理论上看，这是非常有吸引力的，因为全流循环都可以从热源的温度膨胀到冷源的温度，理论上可获取最大的功。但实际上，全流循环存在着明显的难以逾越的流体动力学难题。在全流膨胀过程中，按质量比只有小部分工质转化为气态，但这部分气态工质却拥有几乎全部的动能。而保留为液态的大部分工质，由于液体的体积基本上保持不变，基本不参与膨胀过程，因而它本身并没有产生多少由热能转化来的动能。液相的速度主要是受汽相的推动和拖曳而得到的。这就表现为全流膨胀过程产生的气液两相流中，气相和液相间存在着巨大的速度差。这个速度差的存在使得难以研制出有效的涡轮式全流膨胀机。如果按照气相的速度设计涡轮式膨胀机，则液相部分将对涡轮产生强大的制动力。如果迁就液相的速度，则气相部分就不能将其大部分的动能传给涡轮机的转子。这样一台机器将会因效率太低而失去实用意义。

较有效的全流膨胀机是容积式的膨胀机，如汽缸活塞式、螺旋转子式等。但容积式的膨胀机的容积通流能力和膨胀比均十分有限，用于海洋热能这样低品位热能转换时，其体积将十分庞大而失去实用意义。为了克服这个技术上的困难，出现了许多新的构思和设想。其中，以贝克和伊尔在1975年提出的把海洋热能转化成海水的势能或动能，然后用水轮机来发电的构想最有代表性。该构想于1976年获得美国专利，后来发展成为所谓泡沫提升循环和雾滴提升循环。

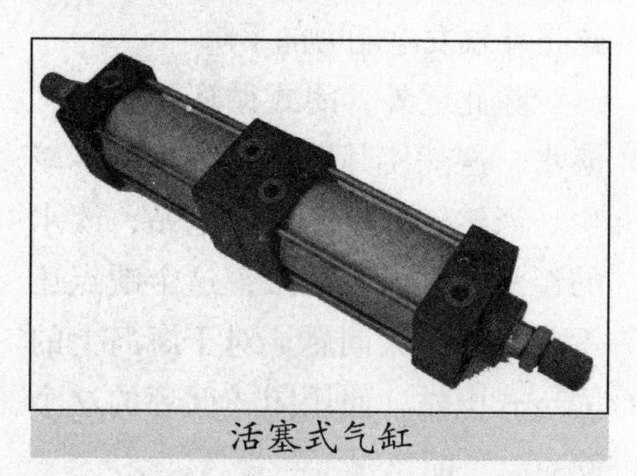
活塞式气缸

（2）泡沫提升循环

泡沫提升循环的基本原理是把加入成泡剂的温海水送入处于真空状态的发泡提升管底部，温海水闪蒸汽化而全部变为泡沫，体积大大增加，向泡沫提升管的顶部膨胀。这种泡沫是水膜包围着汽，汽和水

同步提升，类似于容积式膨胀机。在泡沫提升管顶部，设置破沫装置，泡沫破裂，汽水分离。分离出来的水已被提升到泡沫提升管顶部，具有一定的势能，可以推动水轮发电机发电。分离出来的蒸汽由管道引到冷凝器被冷海水冷却成冷凝水，使泡沫提升管保持真空状态，使底部的泡沫可以源源不断地向顶部流动。泡沫提升循环装置，结构简单，运行稳定可靠，并且使用水轮机代替汽轮机，体积大为减小，工程问题较易解决。但泡沫的产生和流动机理仍有待深入研究，能否实用化还是个问题。其最大的困难是为了形成稳定的泡沫，必须向海水中加入成泡剂，这将大大增加发电成本和污染海洋环境。如果不能找到低成本、能回收或是能自然降解的成泡剂，则泡沫提升循环就难以实际使用。

（3）雾滴提升循环

雾滴提升循环是泡沫提升循环的改进。它用雾状流代替泡沫流，靠蒸汽流把水雾提升到高处。其优点是不需要使用成泡剂，不污染环境。雾滴提升循环必须解决提升过程中保持雾状流的稳定，高效地把汽相的动能传递给液相，使小水滴提升到有效的高处。在雾滴流中，汽液两相之间存在着显著的速度差，雾滴和蒸气流之间的能量传递是难以控制的，也是低效率的。雾滴粒径越小，越均匀，其与蒸气流之间的速度相关性越好。而较粗大的水滴在半途将会往下掉，从而破坏雾滴流的稳定性。因此，雾滴提升循环的技术关键将是温海水如何在雾滴流提升管底部形成尽可能均匀，尽可能细小的雾滴流。目前，雾滴提升循环还看不到实用化的前景。

著名温差能电站

1. 瑙鲁共和国 100 千瓦海水温差试验电站

瑙鲁岛附近海水常年具有 20 ℃以上的温差，而且海岸具有 40°～45° 的陡坡，对建设岸边陆基

旅游圣地——巴厘岛

海水温差电站极为有利。该电站由日本东京电力公司负责设计施工，于 1981 年 4 月开工，10 月建成开始发电，该电站为闭式循环，采用氟利昂 -22 作为循环工质，温水用量为 1450 吨，发电机额定功率为 100 千瓦。采用壳管式钛热交换器；聚乙烯冷水管内径为 0.75 米，取水深度为 580 米，600 米深处海水温度为 7℃；温水管采用内径为 0.7 米的钢管，提取海表层水。该海水温差发电装置发出的电力除本身耗用外，净输出功率为 31.5 千瓦。

2. 日本德之岛 50 千瓦海水温差试验电站

德之岛是九州西南群岛之一。电站由必州电力公司于 1982 年建成，是陆基电站，闭式循环，用氨作循环工质，采用板式钛蒸发器，凝汽器为壳管式。聚乙烯冷水管径为 0.5 米，长 2400 米，抽取 370 米深处的冷海水，提水量 5000 立方米 / 小时。用柴油发电机的排热将抽取的海表温水加温到 40℃，以提高温差、加大发电量。发电机额定功率 50 千瓦，除站内自用外，净输出 18 千瓦。

温差能发电的发展

20 世纪 70 年代，美国和日本开始进行海水温差能发电的研究工作。1979 年 8 月，一个名为“Mini-OTEC”的 50 千瓦漂浮式海水温差电站在美国夏威夷建成，这是世界上第 1 个有净功率输出的海水温差发电装置。1981 ~ 1982 年，地处太平洋的瑙鲁共和国兴建 1 座功率为 100 千瓦的海水温差试验电站；日本在九州德之岛建立 1 座 50 千瓦海水温差试验电站。之后，日本又与挪威共建 1 座 1 兆瓦海水温差电站。从 20 世纪 80 年代开始，美国在夏威夷的海水温差发电的开发步伐逐渐加大，电站规模达 40 兆瓦。日本电力公司在瑙鲁建造了较为成功的 100 千瓦海洋温差能电站，计划在瑙鲁再建造一座 20000 千瓦电站。此外，日政府正设计一座 10000 千瓦的浮动式电站，也考虑建造一座岸基电站，同时还在进行海洋温差能发电和海洋养殖的综合利用试验研究。荷兰完成了一座 l0000 千瓦浮动式电站和 100 千瓦岸基电站的可行性研究，前者将建在安德列斯群岛，后者将建在巴厘岛。法国在完成可行性研究之后，决定在塔希提建造一座 5 兆瓦岸基试验

站，后来在铺设冷水管方面遇到困难，工程搁浅了。英国一家公司完成了一座10000千瓦闭式海洋温差能电站的设计，计划建在加勒比海或太平洋。另一家英国公司设计了一座500千瓦闭式岸基电站，拟建在夏威夷，电力进行海水淡化和海洋养殖。美国一家公司正在为波多黎各进行一座10万千瓦闭式电站的原理设计和将建在阿胡岛的4万千瓦电站的设计，后者是政府资助的项目，已完成了原理设计。

美国MINi-0TEC50千瓦试验装置

该海水温差发电装置安装在夏威夷海域一艘重268吨的海军驳船上，闭式循环，用氨作工质，板式钛热交换器，发电机额定功率为50千瓦。聚乙烯冷水管内径为0.6米，长663米，垂直伸向海底。此装置于1979年8月开始发电，在表层海水温度为28℃、深层海水温度为7℃时，发电功率为53.6千瓦，其中水泵等耗用35.1千瓦，净输出电力为18.5千瓦。1993年，美国在夏威夷建造了开式循环海水温差电站，装机容量为165千瓦。

我国南海地处北回归线以南，属热带并接近赤道，气候炎热，海水表层温度较高，南海北部全年平均水温25～27℃，南海南部终年在28℃左右，兴建海洋温差电站具有很大的潜力。

1985年，广州能源研究所开始对温差利用中的“雾滴提升循环”方法进行研究，已取得了阶段成果；同时还对开式循环过程进行了实验室研究，制造了2座容量分别为10瓦和60瓦的试验台。国家计划至2020年前，在西沙群岛和南海各建1座百千瓦和万千瓦级的海水温差能发电站；我国台湾省计划在其东部沿海建造1座5兆瓦级，并与水产养殖和娱乐为一体的海水温差发电站。由于海水温差发电热力循环效率低，建造大型电站投资多，所以，目前应用主要局限于那些能源昂贵的地区，或者在需用电力的同时，还能结合发展淡水生产和海洋生物养殖的地区。

第三节 温差能的广泛应用

全球的温差能分布

1. 温度分布

太阳照射到地球的能量可利用太阳常数(1.395 千瓦 / 平方米)和地球接收太阳辐射的截面积(1.275×10^{14} 平方米)计算。到达地球内部的能量(124.5×10^{12} 千瓦)中，约有 40 %(83.6×10^{12} 千瓦)被大气、陆地和海洋吸收。因此，近地表部分温度升高。剩余的大部分能量用作蒸发、对流、降雨的水力学能量。目前，作为人们生活根源的植物光合作用也离不开太阳能。但光合作用仅利用太阳照射能量的 0.02% ~ 0.03%(0.035×10^{1} ~ 0.053×10^{12} 千瓦)。目前，占世界能量大部分的矿物燃料(煤炭、石油、天然气)，也是来自植物光合作用的能量。我们所担心的能源枯竭，是矿物燃料的枯竭，是来源于太阳能且仅占太阳能中极其微小的一部分。但地球上不断增大的能量是太阳所照射的能量。该能量主要被占地球表面积 2/3 的海洋所吸收。而且该能量存于海洋的表层水中，因此表层海水温度升高。海水的热导率低，表层海水沿垂直方向的运动远小于水平方向，因此表面的热能无法到达深层。海洋温度从表面到 100 米深度的温度基本相同，但深度大于 100 米后水温就快速下降。当到约 800 米深度处，海水温度才基本稳定，约为 2 ~ 8℃。该深层部分的海水称为深层海水。因此，大多数海洋其深层海水几乎都是冷水。海水进行着大循环，不断运动。在北冰洋海流中，上升的海水遇到格陵兰海的流冰后被冷却。

由于冷却的海水浓度升高，就像龙一样沉向深海，并在海底缓慢流动。格陵兰海沉入深海的海水再次上升(这叫涌升流)据说需要1500年时间。该涌升流中含有很多构成生物体的元素(营养盐)，因此有涌升流之处(如加利福尼亚海、秘鲁海、海中山脉处、近海有礁岩处)都能成为很好的渔场。

由于海洋温差发电需要抽上大量深层海水，因此最近正在尝试通过海洋温差发电建设渔场。

世界上有很多组织进行世界各区域海水垂直方向的温度分布测量。其结果存于海上保安厅海路部的数据库中，从这里可获得原始数据。

2. 海洋温度分布特征：

①在赤道附近的热带及亚热带地区，其表层海水的温度高达24 ~ 29℃，随季节变化小。另外，距海面800米以下的深层海水几乎保持一定温度，低达4 ~ 6℃。

②该地区表层海水与深层海水的温差高达20 ~ 23℃。

③日本周边具有代表性的石垣

冰雪覆盖的格陵兰海

岛、浜田海海水的垂直分布如下：石垣岛海水的分布与亚热带大致相同，表层海水为23～28℃，深层海水为4～6℃。另一方面，浜田海的温度分布情况是，表层海水温度夏季高达27℃，冬季低达10℃。另外，在水深200米处，海水温度低达1℃。即使该地区，除2～4月外，其余9个月表层海水与深层海水的温差在15℃以上，因此能够设置海洋温差发电设备。但日本近海表层海水温度随季节变化较大，需要充分采取对策。

日本海域的海洋温差能及其可利用量

日本经济水域（距海岸200海里，即360千米以内）内温差能的保有量，可通过测定海洋垂直方向的海水分布进行计算。其数量为每年1000×10^{11}千瓦·小时。该能量用石油换算量表示约相当于86亿吨。2000年日本的能源需求量为5.5亿吨（石油换算量），因此海洋温差能约为日本能源年需求量的15倍。若利用日本经济水域1%的温差能，可节约8600万吨的石油。进一步说，若能在一直延伸到太平洋公海为止的海域设置海洋温差发电，则可供应2000年所需的全部能量。日本海区域在富山县以西、太平洋区域在仙台以西可建设海洋温差发电。

3. 全球海域的海洋温差能及其可利用量

若太阳向地球的照射光能为83.6×10^{12}千瓦，由于地球表面积的2/3是海洋，因此每秒到达海面的能量为55.1×10^{12}千瓦。若能将该能量的2%用于海洋温差发电，则可获得1.1×10^{12}千瓦的能量。该能量达到2000年世界能源需求量的100倍。

我国海洋温差能分布

1. 水温分布

我国近海及领海域水温分布的总趋势是：水平分布为北部低，南部高；冬季(2月)低，夏季(8月)高，春季和秋季分别为由低向高和由高向低的过渡季节。垂直分布为，渤海冬夏季上下层水温基本一致，黄海和东海陆架区的中央深水区，夏季表层水温高，下层水温低，其他时间和海区上下层水温基本一致；东海和南海的陆架以外的深水海区，水温的季节变化只限于上层，800

米以下水温全年在6℃以下。

(1) 渤海和黄海

渤海、黄海三面环陆，平均水深分别为18米和44米，水温变化受大陆气候影响剧烈。冬季水温分布在黄海暖流影响下，等温线形成一个自黄海东南部开始，由东南向西北，再向北，至渤海海峡向渤海延伸的舌状分布。全区舌状等温线的轴线处水温高，南黄海东南部最高为10℃以上，舌状两侧等温线与海岸线平行，水温水平梯度大，各沿岸区水温低，辽东湾水温最低，为零下1.5℃。冬季由于海水垂直对流混合旺盛，上下层水温基本一致。

夏季全海区表层水温普遍升高，水温水平分布均匀，等温线分布极为稀少，无明显规律。渤海略呈沿岸高(26 ~ 27℃)，中央低(24 ~ 25℃)的趋势。黄海略显中央高(26 ~ 27℃)，沿岸低(24 ~ 25℃)的趋势。底层水温等温线分布总形势类似冬季，但水温数值是中部低，沿岸高。渤海沿岸为24 ~ 26℃，中部至海峡为20 ~ 13℃，北黄海鸭绿江口最高为21℃，西部海峡以东最低为6℃。黄海中南部中央水温最低为8 ~ 9℃，苏北沿岸最高达27℃。北黄海和南黄海中南部的底层冷水连成一体，即为黄海冷水团。表层暖水层下的温度跃层从春季形成，夏季最强，秋季后开始削弱，

鸭绿江风光

其深度一般为1～20米。

(2) 东海

东海为一较开阔的陆缘海，西部为大陆架区，大部分水深50～100米，最大水深200米，东侧为冲绳海槽，最大水深2719米。东海的水温分布变化分为以大陆影响为主的陆架区和以黑潮影响为主的黑潮区。

冬季陆架区表层水温自北向南，自西向东渐增，等温线由济州岛以南至台湾岛以北呈东北－西南平行走向，等温线密集，水温水平梯度大，北部靠黄海一侧和浙闽沿岸水温较低，为10～16℃，陆架外侧水温高，为16～20℃。黑潮区水温更高，为20～23℃，水平梯度很小。底层水温分布陆架区与表层基本一致，水温略高于表层2～3℃。黑潮区500米层水温7～10℃，800米层为6℃以下。

夏季表层水温较高，且分布均匀，等温线稀少，北部和浙闽沿岸26～28℃，陆架区东侧和黑潮区28～29℃。底层水温陆架区分布较为复杂，呈现3个舌状等温线交错的形势，浙闽近海一低温舌状自南向北伸至舟山以东海区，水温18～20℃，沿岸水温最高为24～25℃；自西北部长江口插入的高温舌状一直延伸至陆架区中部，水温20～24℃；东北部有一来自南黄海的冷水舌，水温在15℃以下。陆架东侧水温在16～19℃之间。黑潮区水温800米以下仍为6℃以下。

台湾海区有丰富的温差能

台湾以东海区，位于北纬22°～25.5°之间的热带海域直接面临太平洋，北部与东海相连，南部与南海相通。由于所处位置，又有黑潮由此通过，所以本区的水温特点是全年表层水温较高，冬季23～25℃、夏季28～29℃。深层水温800米以下全年在6℃以下，夏半年、深层水温差达20℃的深度在500米左右，冬半年在800～1000米。蕴藏着丰富的温差能。

(3) 南海

南海位于北纬22°以南，全年太阳辐射强烈，为典型的热带海域。南海在我国沿岸的陆架区水温分布变化与东海陆架区具有相似的规律，仅是水温值较高，表层水温冬季15～20℃，夏季24～28℃。

广大的南海深水海域的水温分布变化具有典型的热带深海的特点：

①全年表层水温较高，季节变化小。无明显的冬季水温分布

热带海域

变化特征，冬季 24 ~ 27℃，夏季 28 ~ 30℃，温差仅 2 ~ 4℃；

②全年表层水温水平分布均匀。略显北部低南部高，温差很小，仅 2 ~ 3℃；

③表、深层温差大。800 米以下水温始终在 6℃以下，1000 米以下水温在 4℃以下，表、深层温差始终大于 18℃。

进一步分析南海水温资料得知，南海水深大于 800 米的海区，与表层水温差达到 18℃的深度，各季分别为：春季 (4 月)300 ~ 400 米，夏季 (7 月)350 ~ 400 米，秋季 (9 月)300 ~ 350 米，冬季 (12 月) 450 ~ 700 米。南海水深大于 800 米的海区，表层与 800 米层的温差，各季分别为：春季 21.4 ~ 25.1℃，夏季 21.6 ~ 23.9 ℃，秋季 22.5 ~ 24.9℃，冬季 18.7 ~ 21.7℃。年平均表层与 800 米层温差的水平分布，由北向南递增，北部最小，东沙群岛附近 21.5℃，南部最大，南沙群岛北部 23.5℃，西沙附近居中，为 22.5℃。

2. 我国的温差能资源可利用性

(1) 渤海不存在温差能资源，黄海温差能资源可采用非常规方式利用

黄海平均水深 44 米。北黄海平均水深 38 米，大部分水域水深小于 60 米。南黄海平均水深 46 米，大部分水域水深小于 80 米。由于黄海在每年夏半年 (5 ~ 10 月) 有黄海冷水团出现，即在 30 米 (北黄海)、

40米(南黄海)以下为冬季保留下来的7～9℃的冷水，而其上部为20℃以上的温海水，故存在温差能资源。据专业人士计算黄海的温差能资源理论储量为0.141×10^{18}千焦。但是，由于黄海水深较浅，暖水层厚度较小，温差较小，而且仅在夏半年发生，冬半年表深层水温基本一致，故一般认为很难开发利用，常被认为没有开发利用价值。

早在1981年，浙江大学洪逮吉教授就提出以火力为资源，以冷海水为冷源，建大功率火电站，利用这种特殊的温差能资源的设想。最近我国海洋大学专家又提出，在夏季提取紧靠山东威海附近的底层冷海水做空调冷源的设想。可见，不局限于通常意义的温差能利用方式，黄海这种温差能资源还是有开发利用可能的。

浙江大学

(2) 东海陆架区资源开发利用较困难，黑潮区的资源丰富开发条件较好

东海地形为西北高，东南低，自西北向东南倾斜。平均水深370米，中部以西水深小于200米的陆架区占东海面积的66%。台湾岛东北端至日本九州一线以东为水深大于1000米的冲绳海槽，最大水深2940米。来自赤道附近的高温、高盐海流(“黑潮”)由台湾岛以东进入东海后，在此深水区向东北流去，再从日本九州以南进入太平洋。为分析东海的温差能资源，将东海分为陆架Ⅸ和黑潮区。东海陆架区中的相对深水区，夏半年(5～10月)也存在表、深层温差能资源。据专业人士计算东海陆架区的温差能资源资源理论储量为0.338×10^{18}千焦。但是，因为东海陆架区水深较浅、温差较小，且仅在夏半年发生，所以一般也认为开发利用较困难。

东海东侧的黑潮区水深在1000米以上，由于终年有高温(22～29℃)的黑潮暖流由此流过，1000米以下常年水温在4℃以下，使此海区全年表、深层温差18℃以上。

(3) 台湾岛以东海区资源丰富开发利用条件良好

台湾岛以东海域温差能据我国台湾省电力公司估算，可开发利用量约为216×10^{12}千焦，可开发装机容量约680×10^{4}千瓦。

台湾岛以东海区的海底地势

自台湾东岸向太平洋海盆激剧倾斜，在台湾苏澳以北岸段海底坡度较缓，大陆架稍宽，为7～17千米，水深较浅，陆架外大部水深为200～1000米；苏澳以南陆架狭窄，2～4千米，坡度很陡，水深较深，陆架外大部分水深为3000米，除新港至台东港一段外，1000米与200米等深线极为靠近。因此，本区具有全年表、深层温差20℃上，近岸水深变化急促，1000米的深水区距离海岸很近，海岸多为悬崖陡壁等有利的开发条件，是岸基式开发的优良厂址。

自20世纪80年代初起，台湾省电力公司等单位对花莲县的和平溪口及石梯平、台东县的樟原及绿岛、恒春县的红柴及兰屿等预选站址，进行资源和环境调查评估，认为樟原和红柴条件优越是可能性较大的温差电厂厂址。

(4) 南海资源最丰富，开发条件最优越

西沙是最适合先期开发的试验场地，据计算，南海温差能理论储量为（12.96×10^{18}）～（13.84×10^{18}）千焦，技术装机容量为（330.7×10^{8}）～（351.1×10^{8}）千瓦。若取能量补充周期为1年，按开发利用其中的5%，则南海温差能资源可开发利用的潜力约为（16.55×10^{8}）～（17.56×10^{8}）千瓦。

西沙群岛

你知道吗

南海

南海北临我国大陆和台湾岛，南接大巽他群岛，东邻菲律宾群岛，西靠中南半岛和马来半岛，海域的东西均靠海峡、水道与太平洋和印度洋相通，为半封闭的陆缘海。南海的大陆架基本上沿四周大陆、岛弧呈环状分布，以西北和西南部最宽，而东西两侧甚窄。被四周陆架围绕的是近似菱形的深水海域，长轴自台湾岛西南向南沙群岛西北部延伸，其中央为大于3500米的中央海盆，东沙、西沙和中沙、南沙群岛分别在海盆的北部、西部、南部围绕。南海平均水深1212米，最大水深5559米，面积达350×10^{4}平方千米，是我国近海及毗邻海域中的面积最大、水深最深的海。

南海的温差能最集中的地方是北部海区，北部海区大部分地方为大陆架，东南部为深水区，1000米等深线距离大陆海岸线约300～400千米，距汕头市海岸最近处约为200千米，距海南岛和东沙群岛分别约90和50千米。本区东南部具有较好的深水区和表、深层水温差条件，但因其距离大陆和岛礁较远，不具备修建陆基电站的条件，不适于最先试验性开发。而与南海中、南部相比，本区距离大陆最近，在未来的温差能资源开发中后方供应联络最为方便。

南海南部深水海区，南沙群岛占据其中东南部海区，形似海底连绵的山脉，呈东北－西南排列。本区温差能资源和开发条件优越，具有广阔的开发前景。但因其距离大陆最远，均在1000～1500千米间，也不适于作为近期开发的对象。

南海中部深水海区的西北有西沙和中沙群岛。西沙群岛为一群坐落在900～1000米的大陆坡台阶上的岛礁，其边坡陡峻，是良好的陆基式或陆架式温差电站站址。西沙群岛中的永兴岛是南海诸岛的行政、经济、军事中心，有较多的常住人口，在军事上具有重要意义。但其能源和淡水均需由大陆供应，因路途遥远，十分不便，成本较高。如能开发利用温差能资源，既能提供能源，又可获得淡水，还可以利用深层水用作空调和养殖，具有一举多得的

汕头风景

效益。西沙群岛是最适合首先开始温差能开发试验的场地。

综上所述，从资源能量密度、资源储量和开发条件来看，南海中部海区和台湾以东海区是我国海洋温差能开发利用的理想场地。

低压锅

温差能的综合利用

除发电以外，海洋能的综合利用途径主要有以下几方面：

（1）海水淡化和冷水空调

在Mini-OTEC发电技术的开式循环系统中，25 ~ 30℃的海表热水在低压锅炉里沸腾产生蒸汽，一方面可带动蒸汽机发电，另一方面在深海水(5℃左右)的作用下重新凝结带来丰富的淡水，还可利用这种冷水制冷。美国太平洋高技术研究国际中心设计了一个多功能的1000千瓦的OTEC系统，除发电外，估计每天可产淡水4750立方米，足够2万人使用，还可为一家有300个客房的宾馆提供冷水空调，其运行费仅为常规空调的25%，由此使OTEC系统的电价降为11 ~ 19美分/度，低于海岛上使用化石燃料的成本。

（2）燃料生产

从海洋能中生产燃料的途径有两种：

第一种，利用OTEC电站排放的大量深海冷水中富含的营养盐类来养殖深海巨藻，再经厌氧消化产生中热值沼气，其转化率可达80%以上；或经发酵生产酒精、丙酮、乙醛等；或使用超临界水，将高含水量的海藻气化产生氢。

第二种，利用海洋能产生的大量电力，以海水和空气为原料生产氢、氨或甲醇。

（3）发展养殖业和热带农业

由于深海水中氮、磷、硅等营养盐十分丰富，有利于海水养殖。据计算，一座4万千瓦的OTEC电站，其深海水流量约800立方米/秒。这些深海水每年可输送约8000吨氮到海洋表层，能增产8万吨干海藻或800吨鱼。在夏威夷，由OTEC派生的海水养殖业已投入5000万美元，用于养殖龙虾、比目鱼、海胆和海藻。夏威夷大学的科学家们还提出把深海水用于发展热带农业，

海藻

即在耕地下埋设冷水排管，在热带地区创造一种冷气候环境，生产草莓和其他春季谷物、花卉等。另外，由于大气中的水分在冷水管表面凝结，还可产生滴灌效果。

温差电站能发电，将这些电用于淡化，生产淡水。另外，温差电站运行时，水泵将深层海水抽至表层。这种海水的上涌，如同某些高生产力海洋环境中的上升流。利用这些富有营养的海水，可以提高海洋环境中的上升流。利用这些富有营养的海水，可以提高海洋种植场的生产力。将这三项工作合理地结合在一起，让太阳和自然海洋环境为人类提供种类繁多的产品。采用这种综合开发方法，可以获得电力、淡水、用于生物量转换的巨藻以及贝类。

如果单纯用温差电站发电，由于将深层海水抽至表层需要大量费用，因此用这种方法发出来的电成本高，无法同常规能源竞争。如果将温差发电同淡化、养鱼和种植等工作结合起来，温差发电便在经济上具有很大的吸引力，对边远的海岛来说更是如此。

第七章
人类最后的资源宝库：海洋资源

海洋动物、植物、微生物共同组成了广阔海洋中充满生机的庞大水族。世界各大渔场是资源丰富的“鱼仓”。海洋药物种类繁多、各显奇效。海床和底土的石油、天然气、多金属结核和热液硫化物等蕴藏丰富，是人类的“聚宝盆”。海洋中的潮汐、海浪、海流、温差一样能被驯化，为人类带来无穷的能量，从而造福人类。

第一节　蔚蓝的海洋世界

辽阔的海洋

海洋是指由作为海洋主体的海水水体，生活于其中的海洋生物，邻近海面上空的大气和围绕海洋周边的海岸及海底等几部分组成的统一体。

“地球”还是“水球”

海洋的面积为36 105.9万平方千米，占地球表面面积的70.78%（一般视为70.8%）。其中，大陆架上的海洋面积为2743.8万平方千米，占全部海洋面积的7.6%；大陆坡上的海洋面积为5524.3万平方千米，占全部海洋面积的15.3%；大洋底上的海洋面积为27 404.4万平方千米，占全部海洋面积的75.9%；超过6000米深沟的海洋面积为433.4万平方千米，占全部海洋面积的1.2%。

海洋的体积为137 032.3万立方千米，全部海水的总质量为13×10^8亿吨，海水占地球上所有水量的97.2%，冰占地球上所有水量的2.15%，淡水占地球上所有水量的0.63%。海洋在地球表面上并不是均匀分布的，它与陆地分布有对称的现象。如南极洲为大陆，

北极为海；欧、亚、非大部分陆地与南太平洋的面积成对称；北半球的大陆部分成环状分布，南半球的海洋也成环状分布。北半球有陆半球之称南半球有水半球之称。这是因为：世界陆地的67%分布在北半球，而世界海洋的57%分布在南半球；在北半球，海洋面积约占60.7%；而在南半球，海洋面积却占了80.9%。

海、陆在各个纬度上的分布也不均匀。除了北纬45°～70°，以及南纬高于70°的南极洲地区，陆地面积大于海洋之外，其余大多数纬度上，海洋面积均大于陆地。而在南纬56°～65°，几乎没有陆地，整个地球都被汪洋大海包围着。

地球深处的“海洋”

地质学家通过实验室模拟，在人们最意想不到的地表之下1000多千米的地层深处找到了水。在温度达1000℃以上、并且承受高压的矿物岩里，可能储藏着相当于地球所有大洋中水量之5倍的水。而且该项发现还很可能有助于弄清地球是如何形成和发育的，也有助于找到海洋形成最有利的证据。

海洋从哪里来

海洋到底在什么年代产生，又因何种原因产生的呢？这是人们迫切需要了解的问题。实际上，对于海洋的身世，自古至今，一直是人们苦苦探索和研究的问题。只是由于受到各种研究条件的限制。往往不同的年代有不同的结论。随着科技的进步，人们对海洋的解释就越科学。

1. 海洋的产生

远古的人们生活在陆地上，对桀骜不驯、神秘莫测的大海敬而远之，认为海是神灵，是凶险恐惧之地，于是编造了不少美丽动听的神话。如《圣经》中对海的产生是如此描述的：神灵出现的第一天，带来了光明，形成了白天和黑夜；神灵出现的第二天，塑造了蓝蓝的天空，形成了天与地；神灵出现的第三天，就把地上的水聚集在一起，大叫一声：“陆地，出现吧！”于是陆地诞生，海洋也出现了。我国古代人们认为“海为龙世界”，海中有龙王居住的宫殿，海龙王主宰着水的世界。上述思想，反映了在科学技术落后的时代，人们对海洋神秘现象的恐

圣经大洪水传说

惧感与求助于神灵保佑的美好愿望。

后来，生活在海边的人们，看到水中漂浮的树叶和木头，受这种自然现象的启发，就尝试着用木头制作出了简单的木船和木筏。古人曾有“古者观落叶因以为舟”，“见窾木浮而知为舟”的记载。《易经》也曾说过：“刳木为舟，剡木为楫”。有了这些简单的水上航行工具后，一些勇士们便开始在海上进行小规模的探险活动，对海洋的认识逐步深入。另外，一些先哲们也开始了对海洋的研究。如被誉为“自然研究之父”的古希腊哲学家泰勒斯(公元前 624 ~公元前 565 年)根据水的循环理论，提出了“水是万物之源”的观点。另一位古希腊哲学家恩培多克勒认为：“海洋是如同地球汗水的盐水的集合体。”有“古代海洋学之父”之称的古希腊学者亚里士多德也指出：“由于太阳的热，从海面蒸发的水蒸气，再次凝结而形成降水，从而形成河川水、喷泉、地下水。这些水流入海中，以此反复循环，但水的总量是不变的。”这些观点完全摒弃了各种迷信思想，渐渐揭开了海洋的神秘面纱，把人们带入了对海洋科学认识的正确轨道。

独木舟

海洋到底有多大的年龄，多数学者认为距今 18 亿 ~ 45 亿年，最大年龄约为 45 亿年。海洋的形成离不开凸凹不平的地球表面和海水两个基本因素。一方面，地表低洼的部分为洋盆，用来存放海水；另一方面，海水贮存在洋盆之中，有水才能叫海洋。因此，两个基本因素缺一不可。

2. 关于洋盆产生的三种学说

凸凹不平的地表与地壳的变动分不开。关于这个问题学术界一般有三种观点，即大陆漂移学说、海底扩张学说、板块构造学说。“泛大陆”周围被海水包围，称为“泛大洋”。到距今约 2 亿年，“泛大陆”开始分裂后漂移，逐步形成了现在我们看到的海洋中水、陆“支离破碎”、交错分布的形式。

（1）海底扩张

海底扩张学说：20 世纪 60 年代初期，由美国学者提出。假定海底本身在运动。由于地球内部蕴藏着大量的放射性元素，放射性元素的衰变，产生了许多热能。地球内部受热很不均衡，靠近地核附近的地幔受热大，温度高，而地壳附近的地幔温度较低。两者的温差在地球内部产生了循环对流。这种缓慢而巨大的对流运动带动了部分较轻的地壳，并形成了大洋脊，海底运动则从中央洋脊开始，逐步向外进行。

现在海洋磁力测量的成果已经证实了海底扩张理论，计算结果表明，海底扩展速度一般为每千年 1~5 厘米，即 1 亿年为 1000~5000 米。按照这样的扩展速度来算，大约再过 5000 万年的时间，大西洋宽度将增大 1000 千米，而太平洋将缩小 1000 千米，雄伟的喜马拉雅山将超过 1 万米。再过 6000 万年，美国洛杉矶将潜入阿留申海沟，永远消失在海洋之中。

壮美的喜马拉雅山脉

（2）大陆漂移说

早在 1620 年，英国人培根就已经发现，在地球仪上，南美洲东岸同非洲西岸可以很完美地衔接在一起。到了 1912 年，德国科学家魏格

大陆漂移演示图

纳根据大洋岸弯曲形状的某些相似性，提出了大陆漂移的假说。数十年后，大量的研究表明，大陆的确是漂移的。人们根据地质、古地磁、古气候及古生物地理等方面的研究，重塑了古代时期大陆与大洋的分布。大约在 2.4 亿年前，地球上的大陆是汇聚在一起的，这个大陆从北极附近延至南极，地质学上叫泛大陆。在泛大陆周围则是统一的泛大洋。此后，又经过了漫长的岁月，泛大陆开始解体，北部的劳亚古陆和南部的冈瓦纳古陆开始分裂。大陆中间出现了特提斯洋 (1.8 亿年前)。此后，大陆继续分裂，印度洋陆块脱离澳大利亚－南极陆块，南美陆块与非洲陆块分裂；此时的印度洋、大西洋扩张开始。到了 6000 万年前，已经出现现代大陆和大洋的格局雏形。以后，澳大利亚裂离南极北上，阿拉伯板块与非洲板块分离，红海、亚丁湾张开，形成现代大洋和大陆的分布格局。

大陆的漂移由扩张的海底也能得到证实。纵贯大洋底部的洋中脊，是形成新洋底的地方；地幔物质上升涌出，冷凝形成新的洋底，并推动先形成的洋底向两侧对称地扩张；海底与大陆结合部的海沟，是洋底灭亡的场所。当洋底扩展移至大陆边缘的海沟处时，向下俯冲潜没在大陆地壳之下，使之重新返回到地

幔中去。

从地图上可以看出，大西洋两岸海岸线弯曲形状非常相似，但细究起来，并不十分吻合。这是因为海岸线并不是真正的大陆边缘，它在地质历史中随着海平面升降和侵蚀堆积作用发生过很大的变迁。1965年，英国科学家布拉德借助计算机，按1000米等深线，将大西洋两者完美地拼合起来。如此完美的大陆拼合，只能说明它们曾经连在一起。此外，美洲和非洲、欧洲在地质构造、古生物化石的分布方面都有密切联系。例如，北美洲纽芬兰一带的褶皱山系与西北欧斯堪的纳维亚半岛的褶皱山系遥相呼应；美国阿巴拉契亚山的海西褶皱带，其东端没入大西洋，延至英国西南部和中欧一带又重出现；非洲西部的古老岩层可与巴西的古老岩层相衔接。这就好比两块撕碎了的报纸，按其参差的毛边可以拼接起来，而且其上的印刷文字也可以相互连接。我们不能不承认这样的两片破报纸是由一大张撕开来的。

古生物化石，也同样证实大陆曾是连在一起的。比如广布于澳大利亚、印度、南美和非洲等南方大陆晚古生代地层中的羊齿植物化石，在南极洲也有分布。此外，被大洋隔开的南极洲、南非和印度的水龙兽类和迷齿类动物群，具有惊人的相似性。这些动物也见于劳亚大陆。如果这些大陆曾经不是连在一起，很难设想这些陆生动物和植物是怎样远涉重洋、分布于世界各地的。

（3）板块构造说

板块构造理论，是从海底研究得出的，是了解地球形态的一把钥匙。地球表层是由一些板块合并而成的。这些板块就像浮在海面的冰山，在熔融的地幔岩浆上漂浮运动。所谓板块构造，讲的就是这些坚硬的岩石板块以及它们的运动体系。地球表层主要有六个基本板块。板块坚如磐石，内部稳定，地壳处于比较宁静的环境之中；而板块之间的交界处是地壳运动激烈的地带，经常发生火山喷发、地震、岩层的挤压褶皱及断裂。

褶皱现象

六大板块中，太平洋板块完全由大洋岩石圈组成；而大西洋由洋中央海底山脉分开，一半属于亚欧板块和非洲板块，一半属于美洲板块；印度洋，也由人字形的海底山脉分开，使印度洋洋底分别属于非洲板块、印度板块和南极板块。所以，这些板块是由大洋岩石圈及大陆岩石圈组成，包含了海洋与大陆。

板块为什么会运动？它的动力来自何处？目前的科学知识告诉我们，主要是地幔深处的热对流作用。地球深部的核心称地核，它是高温熔融的。它给地核外围的地幔加热，致使温度很高，靠近地核的岩层也熔化。地幔下部的导热性不能有效地将地核的热量散发出去，使热量积聚，致使地幔逐渐升高温度。地幔物质成为塑性状态，形成对流形式的运动。地幔的热对流是在大洋中的海底山脉（又称洋中脊）处上升，沿着海底水平运动，到大洋边缘的海沟岛弧带，经过水平长距离运动后冷却，而沿海沟带下沉，又回到高温的地幔层中消失。

由于地幔的对流运动，使得漂浮在它上面的板块也被带动做水平运动。所以，地幔的热对流是带动板块运动的传送带。板块从洋中脊两侧各自做分离的运动。这些运动的板块最终总会相遇的，相遇时会相互碰撞。当大洋板块与大陆板块相碰撞，大洋板块密度大而且重，就插到大陆板块之下，在碰撞向下插入处就形成大洋边缘的深海沟。假使是两个大陆板块相碰撞，则互相挤压，使两个板块的接触带挤压变形，形成巨大的山系。如喜马拉雅山系就是由于欧亚板块与印度板块挤压而形成的。因此，大洋底部的运动，形成大洋边缘岛弧海沟复杂的地貌，也构成大陆上巨大的山系。板块构造控制了整个地球的地表形态。

3. 海水的形成

俗话说：“海水不可斗量”。其意指海水数量之多。海洋海水的总体积到底有多少，很难准确计算，据粗略估算，全球海洋贮存着约13.38亿立方千米的水资源，约占地球所有水量的97%。如此巨大容量的海水是怎样形成的呢？科学界对此也有几种观点。

最早的也是大多数人认同的观点是海水主要来自地球内部。其实在远古时期，海洋中的储水量并不太多，相当于现代海洋的1/10左右，当时地球上的水主要以岩石结晶水的形式储藏在地球内部。在漫长的地球演化过程中，地球内部释放出大量的热量，加热了地壳，于是地

球内部产生出非常多的水汽，这些气体通过岩浆活动或火山喷发，流“窜”到地球外部，据推断，主要在距今45亿~25亿年之间排出的，大量的气态水存在于大气之中，凝结后以雨或雪降落到地球表面，使海洋中的水量逐渐增加，另外，陆地上的河流也把水源源不断地输送到海洋。经过了大约十几亿乃至几十亿年的漫长积累，才有了现在的海水规模。

近几十年来，少数学者认为海水并非来自地球内部，而是来自宇宙。1983年4月11日，中国无锡市东门区，从天上落下许多冰块，经科学家分析化验，证实这些冰块是来自宇宙的陨冰。美国1996年曾发射过一颗名为“波拉”的卫星，从其所收集的资料证实，宇宙每天都有大量雪球般的小天体陨落到地球上。美国爱德华大学路易斯·福兰克博士研究了大量的卫星观测资料，进一步指出来自宇宙的雪球重量约为2万~4万千克，大小像一间小房屋，在1000~3000千米的高空分解成云。每天都有几千个这样的雪球来到地球，大约经过0.1万~2万年，地球表面积水可达到3厘米。照此推算，自地球诞生后，每天接收到大量来自太空的“宇宙

火山喷发

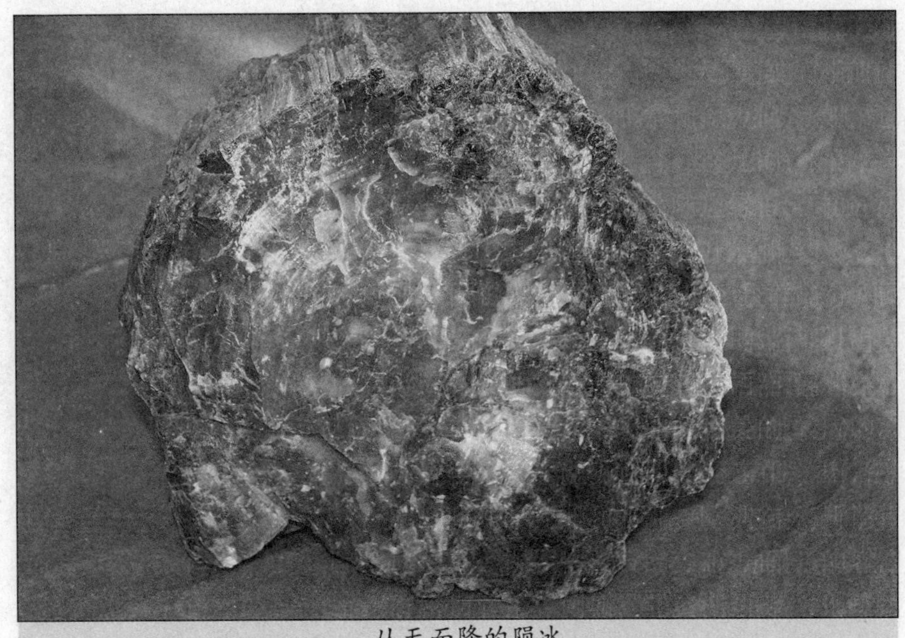

从天而降的陨冰

之雨”，日积月累，形成了现在13亿多立方千米的海水。

这一新观点引起了科学界的注意和争论，对海水来自地球本身的传统观点发起了强烈冲击和挑战。到底谁是谁非，现在还难以下结论，因为真理有时掌握在少数人的手中。相信随着时间的推移和科学实验的验证，海水来源的真相必将大白于天下。

海与洋一样吗

根据海洋要素特点及形态特征，海洋又可分为主要部分和附属部分，前者称为洋，后者是洋的边缘附属部分，称为海、海湾和海峡。

洋是海洋的主体部分，占海洋总面积的89%。远离陆地的水体部分为洋，洋一般较深，平均水深在2000 ~ 4000米；洋内有独立的洋流和潮汐系统，主要海洋要素，海则与洋不同了，海濒临大陆，面积比较小，各大洋海的面积只占海洋总面积的11%。由于海是大洋的边缘附属部分，从地理形态上看，一般的海，多分布在大陆架上，其海水深度较浅；靠近陆地部分，还有海湾、海峡等。海又分两大类：一类是边缘海；另一类是地中海。地中海的地理特征是海水水域介于大

陆之间，或深入大陆的内部，例如，在欧亚大陆之间的地中海，还有伸入美洲大陆的加勒比海等。边缘海则位于大陆边缘，例如，我国的黄海、东海等。由于边缘海靠近大陆，因此，边缘海靠大陆一侧受陆地影响较大。而靠大洋一侧，明显受大洋水体的影响。

大洋具有面积广阔、深度较大、水体相对稳定、很少受大陆影响的特点，是全球气候的调节中枢。

世界大洋是相互沟通的，但是，由于洋与洋地理位置等因素不同，各大洋之间又有较明显的差别。根据水文特征、海岸线的轮廓、洋底地貌特点等，人们把世界大洋分为太平洋、大西洋、印度洋、北冰洋和南大洋五大洋区。

1. 太平洋

太平洋是世界最大的洋。总面积为 1.65 亿平方千米，是世界大洋总面积的 45.8%；平均深度为 4028 米，最大深度为 11 034 米的马里亚纳海沟是世界大洋最深处。太平洋海底地形复杂。其中部山脊把太平洋分为四块。大体上是西部深，东部浅；北部深，南部浅；西部海底崎岖多变，东部则较平坦，北部群岛林立，南部则是汪洋大海。太平洋岛屿占世界岛屿总数的 70%，岛屿面积则占 45%。太平洋的东南部

加勒比海风光

是南极板块、安第斯板块、东南太平洋板块的结合部，西北部是欧亚板块、菲律宾板块和印支板块的结合部。因而太平洋的东南部和西北部具有类似的构造特征，多地震、多火山，是研究地球构造的良好场所，但海底矿物资源(锰矿球、硫化矿等)较贫乏，而海洋生物资源较为丰富。

2. 大西洋

大西洋是世界第二大洋，总面积为 8200 万平方千米，平均深度为 3627 米，最大深度为 9219 米，与太平洋相比，大西洋海底地形较为简单，基本上是由中部大西洋山脊把其分为东西两大洋盆，西部洋盆则又较东部洋盆较为复杂。总起来看，东部浅，西部深，东部海岸平直，西部则较曲折。洋区内地质构造简单，中部山脊也就是美洲板块和欧洲板块的结合部，因而大西洋很少火山地震，海底也比较平坦，岛屿较少，主要分布在加勒比和冰岛格

太平洋丰富的生物资源

格陵兰岛风光

陵兰两个区域。

大西洋名称的由来

大西洋中大西一词出自古希腊神话中大力士阿特拉斯的名字。传说阿特拉斯住在大西洋中，能知任何一个海洋的深度，有擎天立地的神力。1845年，伦敦地理学会统一定名为大西洋。大西洋并非翻译名。中国自明代起，在表述地理位置时，常习惯以雷州半岛至加里曼丹作为界线，此线以东为东洋，此线以西为西洋。这就是我们常称日本人为东洋人，称欧洲人为西洋人的原因。

3. 印度洋

印度洋是第三大洋，被亚洲、非洲和大洋洲环抱。因印度洋周围几乎均为发展中国家，所以印度洋又常被说成是“发展中的大洋”。印度洋总面积为7344万平方千米，平均深度为3897米，最大深度为7450米。印度洋的主体分布在赤道两侧，长年温度较高，海底地形较大西洋复杂，有三大洋盆，即东部洋盆、西部洋盆和南部洋盆。三个洋盆界面也就是三大板块的界面，是地形变化最剧烈的海区，也是印度洋洋底矿产的富集地区。从地质构造上看，似乎可以认为印度洋有向两侧扩展的趋向。

印度洋毛里求斯风光

4. 北冰洋

北冰洋又称北极洋，是人类调查研究最少的大洋，带有一定的神秘色彩。面积约为 500 多万平方千米，占大洋面积的 1.4%，平均水深 1296 米，最大深度为 5220 米，所以北冰洋又是最浅的大洋。北冰洋有六大特点：一是寒冷，常年被冰雪覆盖；二是海岸线曲折，冰侵蚀严重；三是边缘发育完好，陆架海多礁石且面积很大；四是岛屿众多，其数量和太平洋岛屿相近；五是水深浅，洋底地形平坦，沙质沉积占很大比重；六是有独特的生物区系，自成系统，也不外延。

北冰洋上的浮冰和积雪

5. 南大洋

随着人们对南极大陆的兴趣，环绕南极大陆的广大洋区也引起世界各国的关注。人们在相互交往中，为了有一个统一的地理概念，就把太平洋、大西洋、印度洋在南纬 60° 以南的水域，定名为南大洋。南大洋紧挨着南极大陆，其面积约

占地球面积的20%。也有人形象地把南大洋称为太平洋、印度洋、大西洋的“大洋群”。

南大洋的最主要特征：一是环绕南极大陆；二是与三大洋直接相通；三是生物主群单一，即从浮游生物一跃就到了海洋哺乳生物，中间阶层有，但较少。根据南极大陆的重要性，预计南大洋的战略地位，将远远大于其他大洋。

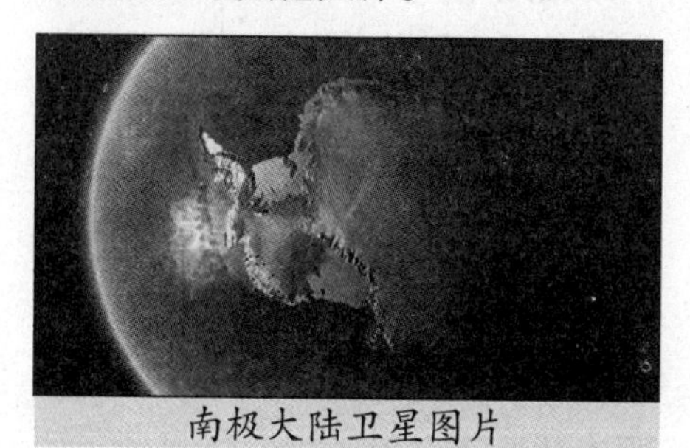

南极大陆卫星图片

海洋的地形分类

海洋地形可细分为海岸地形和海底地形两部分。

1. 海岸地形

指低潮线以上的海滩地形，主要包括以下几个部分。

(1) 海岸

永远高出狂涛巨浪作用以上的为海岸。它的范围向内陆深入，随其地形演变情形不同而不固定。

(2) 海岸带

潮汐现象

海岸带是海陆之间的界限，那是一些水位升高时(由于潮汐、风等因素引起增水)便被淹没，水位降低时便露出的海陆相互作用的地区。

海岸带既然是陆地和海洋相互作用区，所以是一切引起海岸轮廓的改变、海底地形的变化和海底沉积物移位的作用进行得最为迅速的地方。

(3) 海岸线

海滩与岸连接线(海陆分界线)，称为海岸线。它在某种程度上是不固定的。由于潮位的升降和风引起的增水—减水的作用，海岸线能发生移动，在垂直方向海面升降的幅度能达到10 ~ 15米，而在水平方向的进退有时能达几十千米。

(4) 海滩

由平均低潮位(或较低低潮位)以上，至狂涛巨浪所能达到之处，称为海滩。海滩又可细分为前滩和后滩。前滩平常为潮水及一般风浪容易影响范围，后滩即前滩与海岸线之间的范围。

(5) 海滨

通常指低潮至高潮之间的范围，称为海滨。

(6) 潮间带

在海岸带中，潮汐涨落的区域叫潮间带。潮间带在生产和科学研究上有一定的重要性。

2. 海底地形

海底是地球表面的一部分，它的轮廓和陆地地貌差不多，也有雄伟的高山、深邃的峡谷和辽阔的平原。

(1) 大陆边缘

整个地球分为大陆地壳和大洋地壳两种，它们之间的过渡带叫做大陆边缘，位于靠近2000米等深线的地区，此带的宽度变化在50 ~ 300千米之间。依地形来说，过渡带有许多名称，最著称的有大陆架、大陆坡和大陆裙。

(2) 大陆架

大陆架，又称大陆棚、陆架、陆棚，是大陆沿岸土地在海面下向海洋的延伸，可以说是被海水所覆盖的大陆。通常被认为是陆地的一部分。它是环绕大陆的浅海地带。大陆架含义在国际法上，指邻接一国海岸但在领海以外的一定区域的海床和底土。沿岸国有权为勘探和开发自然资源的目的对其大陆架行使主权权利。

度假胜地——海滩

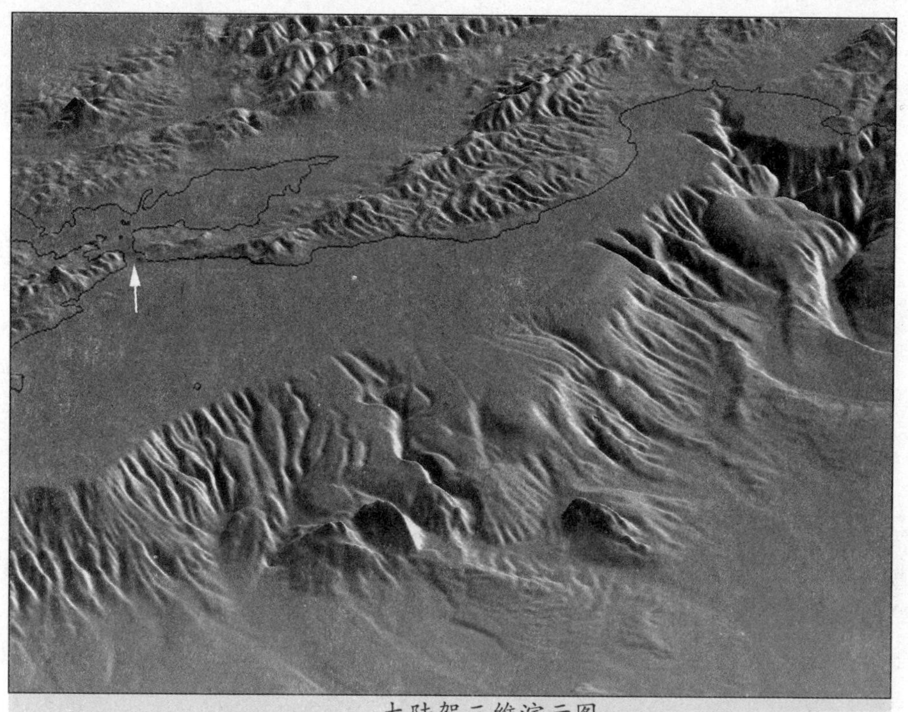

大陆架三维演示图

你知道吗

大陆架的分布

世界大陆架的地理分布很不均匀。在大洋中，按面积来说，以太平洋为最大，达 1015 万平方千米；按比例而言，以北冰洋为最高，为 47.1 %。在七大洲中，按面积说，以亚洲为最大，达 926 万平方千米；按比例而言，以大洋洲中的澳大利亚附近为最高，为 35.1 %。

(3) 大陆坡

由大陆架海区继续向外伸展，海底突然下落，形成一个相当陡峭的斜坡，这个斜坡被称为大陆坡。大陆坡在各大洋中的宽度不同，从十几千米到几百千米不等。全部大陆坡的面积，约占全部海洋面积的 15.3 %，它像一条带子一样缠绕在大洋底的周围。

(4) 大陆裾

大陆坡在达到深海底以前变平坦，则其下部称为大陆裾（或大陆隆起）。它是由陆坡基部向海洋深处缓慢倾斜的沉积裾，一般包括水深 2500 ~ 4000 米的范围，可横过洋底而延伸达 1000 千米之多。大陆裾的面积约为 1900 万平方千米，约占

整个大洋底的5%。

(5) 大洋盆地

是海洋的主要部分，地形广阔而平坦，约占海洋面积的75.9%。倾斜度小，大约为0°20" ~ 0°40"。深度从大陆起一直可以延伸到6000米左右。在大洋底，许多纵横的海岭交错绵延，将海底分为一连串的海盆；最常见的地形有下列几种：负地形有海沟、海槽和海盆；正地形有海脊、隆起地(海隆)，海底山与平顶山、海底高原等。

(6) 海沟

深海海底的长而窄的深洼地，两壁比较陡峻的地带，叫海沟。海沟和海岭常常是连在一起的，并且通常呈弧形；海岭有时露出海面形成海岛或群岛，而深海沟一般位于弧形海岭的凸面。这是海底一些坡度最大，高度最高和深度最深的地形悬殊的地方。

海沟不在大洋中间，而在大洋的边缘，紧接着大陆并毗连着成列的岛屿。世界大洋共有海沟29条，其中，太平洋19条，大西洋4条，印度洋6条。以太平洋的马利亚纳海沟最深，达11 034米。

(7) 海槽

在深海海底长而宽的海底洼地，两侧坡度平缓。

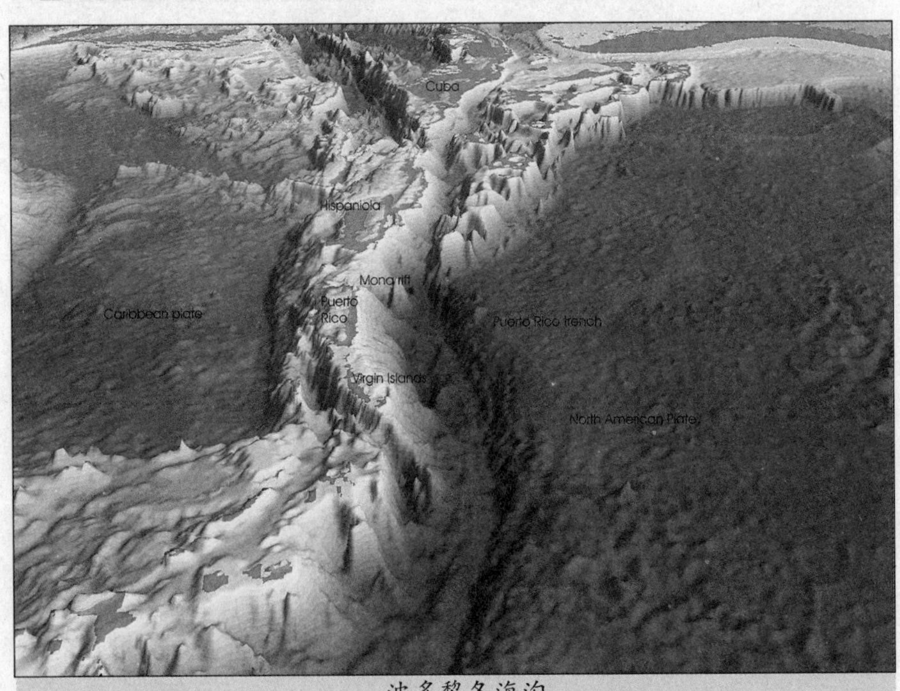

波多黎各海沟

(8) 海盆

面积巨大而形状多少带盆状的洼地。

(9) 海脊

深海底部的狭而长的高地，比海隆具有较陡的边缘和不太规则的地形。

(10) 隆起地 (海隆)

深海底部长而宽的高地，其突起和缓。

海脊、海隆两种地形都是分布范围广阔延伸绵长的海底山脉，故又通称为海岭，如大西洋中央海岭，东太平洋海岭等。

(11) 海底山与平顶山

近 1000 米或更大一些的深海底部的孤立的或相对孤立的高地，叫海底山。深度大于 200 米的海底山 (在平面图上大致呈圆形或椭圆形)，其顶部大致呈平的台地，叫平顶山。

海底山与平顶山成线状排列或在一个范围内密集成群时，则称为海山群。

(12) 海底高原

深海底部广阔而不明显的高地，其顶部由于较小的起伏可以变化多端。

第二节　储量惊人的海洋资源

认识资源

1. 资源

资源的概念，至今还没有严格、明确、公认的定义。现代资源的概念源于经济学科，是作为生产实践自然条件的物质基础提出的，具有实体性。《辞海》把“资源”解释为“资财的来源，一般指天然的财源”。“资源”是由资与源两字联合组成，“资”是指财物、费用，是指具有现实的或潜在价值的东西;“源”就是来源、源泉，是一切事物之本。由此可见，资源是指可以获得物质财富的源泉。

近年来，资源一词广泛出现在各个研究领域，其内涵和外延已有明显变化,不同学科领域各取所需，在资源的概念上存在不同的理解。通常，资源存在广义和狭义之分。

广义的资源指人类生存发展和享受所需要的一切物质和非物质的要素，也就是说，在自然界和人类社会中,一切有用的事物都是资源。广义资源可分为自然资源、经济资源和社会资源三大类别，其中，自然资源是最为基础的资源。

对于海洋资源这门学科，狭义的资源概念有两层含义。

一是资源必须具有社会性开发利用价值。如自然资源中的土地、水、矿产等都是具有重要的社会性开发利用价值。而人文性质的资源，更是具有直接而普遍的社会效用性，比如劳动力和资金是构成经济活动的两大基本要素，可以说是经济效用的代名词;又比如文化古迹资源，其主要效用是社会和心理，同时也具有发展旅游业的经济价值。

二是资源具有相对稀缺性，这是资源与人口必然联系的另一个侧面。阳光与空气这类事物虽然对人类具有极重要的社会效用，但人们并不视其为资源，这是因为与人类的需求相比，它们的供给是充分的，只在某些特殊情况下，才表现出相对的稀缺性或潜在的限制性，并被视为资源，比如阳光作为太阳能开发或日光被利用时就显示出相对稀缺性。资源的稀缺性是引起资源争夺的主要原因。

因此，我们可以把资源的概念归纳为：在一定历史条件下，能被人类开发利用以提高自己福利水平或生存能力的、具有某种稀缺性的、受社会约束的各种环境要素或事物的总称。资源的根本性质是社会化的效用性和对于人类的相对稀缺性。

2. 自然资源

自然资源是指具有社会有效性和相对稀缺性的自然物质或自然环境的总称。联合国环境规划署指出："所谓自然资源，是指在一定时间、地点的条件下能够产生经济价值的、以提高人类当前和将来福利的自然环境因素和条件的总称"。这个定义是非常概括和抽象的。

大英百科全书中自然资源的定义是：人类可以利用的自然生成物，以及生成这些成分的环境功能。前者包括土地、水、大气、岩石、矿物、生物及其积聚的森林、草场、矿床、陆地和海洋等；后者为太阳能、地球物理的循环机能（气象、海洋现象、水文、地理现象）、生态学的循环机能(植物的光合作用、生物的食物链、微生物的腐败分解

太阳能发电

森林资源

作用等)、地球化学的循环机能(地热现象、化石燃料、非燃料矿物生成作用等)。这个定义明确指出环境功能也是自然资源。

丰富的森林资源

森林资源是林地及其所生长的森林有机体的总称。这里以林木资源为主，还包括林中和林下植物、野生动物、土壤微生物及其他自然环境因子等资源。林地包括乔木林地、疏林地、灌木林地、林中空地、采伐迹地、火烧迹地、苗圃地和国家规划宜林地。

我国的一些学者认为：自然资源是指存在于自然界中能被人类利用或在一定技术、经济和社会条件下能被利用作为生产、生活原材料的物质、能量的来源。

尽管以上对自然资源理解的深度与广度不同，文字描述各异，但概括起来自然资源有以下特征：

第一，自然资源是自然过程所产生的天然生成物。它与资本资源、人力资源的本质区别，在于其天然性。但现代的自然资源中又已或多或少地包含了人类世世代代劳动的结晶。

第二，任何自然物之所以能成

为自然资源，必须有两个基本前提：即人类的需要和开发利用的能力。否则，就不能作为人类社会生活的“初始投入”。

第三，自然资源是一个相对概念，随着社会生产力水平的提高和科学技术的进步，先前尚不知其用途的自然物质逐渐被人类发现和利用，自然资源的种类日益增多，自然资源的概念也不断深化和发展。人类对自然资源的认识，以及自然资源开发利用的范围、规模、种类和数量，都是不断变化的。同时还应指出，现在人们对自然资源已不再是一味地索取，而且注重保护、治理、抚育、更新等。

第四，自然资源与自然环境是两个不同的概念，但具体对象和范围又往往是同一客体。自然环境是指人类周围所有的客观自然存在物，自然资源则是从人类需要的角度来认识和理解这些要素存在的价值。因此，有人把自然资源和自然环境比喻为一个硬币的两面，或者说自然资源是自然环境透过社会经济这个棱镜的反映。通过对自然资源的认识与开发史考察，可以说“环境就是资源”。

综上所述，自然资源是一定社会经济技术条件下，能够产生生态价值或经济效益，以提高人类当前或可预见未来生存质量的自然物质和自然能量的总和。换言之，自然资源是人类能够从自然界获取以满

资源开发

足其需要与欲望的任何天然生成物及作用于其上的人类活动的结果，或可认为自然资源是人类社会生活中来自自然界的初始投入。

海洋资源

海洋资源属于自然资源，既具有资源的特点，也具有自然资源的本质、属性和特征。人们对海洋资源的理解是随着科学技术的不断进步，对海洋认识的不断深入而发展的，由于场合不同，人们在使用海洋资源一词时含义也不尽相同。在国内外专业文献和一些专门著作中，存在狭义和广义两种说法。从狭义上说，海洋资源指的是能在海水中生存的生物、溶解于海水中的化学元素和淡水、海水中所蕴藏的能量以及海底的矿产资源。这些都是与海水水体本身有着直接关系的物质和能量。而广义的海洋资源，除了上述的能量和物质外，还把港湾、四通八达的海洋航线、水产资源的加工、海洋上空的风、海底地热、海洋景观乃至海洋的纳污能力都视为海洋资源。

随着科学技术的不断更新发展，人类对海洋资源的开发利用的深度和广度日益增加。有一些社会生产部门，以海洋资源为对象而取得某种产品，如海洋捕捞渔业、海盐业、海底油气开采业、海水化学工业、

停靠在海港的油轮

海水养殖

海底矿业、海洋能源工业等。有一些生产部门利用海洋资源，但不是以产品形式直接满足人们需求的，如海运业、海港建设、海底储油罐、海上城市、海底公园、海滨浴场、海上俱乐部和滨海旅游等。所有这些人类利用海洋自然资源和条件，使之有益于人类的社会生产活动，统称为海洋资源的开发利用。

1. 海洋资源开发利用

随着社会需求和科技的发展，人们对海洋资源的开发利用不断地延伸和扩展。目前海洋资源开发活动中既有传统的又有新兴的。传统海洋开发包括：海洋航运、盐业、海洋捕捞业。新兴海洋开发(历史在100年以内的)主要有：海洋石油天然气开采、海水养殖、海洋空间利用等。许多新兴的海洋开发产业基本上都是20世纪五六十年代才发展成熟起来的，这些产业有海洋石油工业、海底采矿业、海水养殖业等，它们的兴起标志着人类对海洋资源的开发更为全面了。就活动范围而言，海洋资源的开发逐渐由单项开发发展为立体的综合开发。就开发领域而言，对海洋的利用扩展到资源、能源、空间三大方面。

2. 海洋资源开发利用的特点

(1) 海洋资源开发工业的年轻性

虽然人类有着几千年的海洋开发史，但是许多海洋资源仍然处于没有充分开发的状态，其开发利用程度仍然处在发展的起步阶段。例

海洋测绘

如，海洋矿产资源尤其是深海矿产资源基本上保存完好。即使是海洋的传统利用，如世界海洋渔业，20世纪50年代初期的产量为2×10^7吨，到20世纪70年代末期产量达到7×10^7吨。这说明只是在近三四十年中，世界海洋渔业才得到迅速发展，而海洋的新利用，如海洋能源、海洋空间等，仅有二三十年的历史。

(2) 海洋资源开发业的多部门和多学科性

海洋开发尽管其地理位置不同于陆地，属于另外一个空间系统，但它的开发所牵涉的部门一点也不比陆地上少。从地质、水文、气象到测绘，从水产、航运、能源到旅游，从经济、政治、法律到军事，从生产、科研、教育到行政和国防，各种单位无所不包。

现代海洋资源开发是一个复杂的系统工程。首先是基础科学研究，解决人类对海洋的认识问题；然后是技术研究，解决开发海洋的技术能力问题；最后是把技术成果变成经济措施，由各种产业部门进行开发。这个系统工程的每一层面都需要合作，单一学科或部门都无法承担。海洋基础学科中涉及物理、化学、生物、地理学、地质学、气象、天文7个学科，这些学科彼此互相渗透，只有全部掌握这些学科，才

能对海洋资源有一个全面的认识。

(3) 海洋资源开发的国际性

海洋资源的特殊性质，使各国在海洋资源开发活动中，容易发生一定的利益关系或利益冲突，这就需要找到一种共同的准则以协调利益、责任、义务的分配和履行。

(4) 海洋资源开发的自然性

海洋开发生产活动和自然再生产紧密交融，例如渔业。

海洋资源分类

海洋资源十分丰富，种类繁多，其基本属性和用途均具多样性。因此，对海洋资源的分类还没有形成完善的、公认的分类方案。

由于海洋资源属于自然资源，按照自然资源是否可能耗竭的特征，将海洋资源分成耗竭性资源和非耗竭性资源两大类；耗竭性资源按其是否可以更新或再生，又分为再生性资源和非再生性资源。前者主要指由各种生物及由生物和非生物组成的生态系统。再生性资源在正确的管理和维护下，可以不断更新和利用，如果使用管理不当则可能退化、解体并且有耗竭的可能。

海洋资源是一类特殊的自然资源，为强调和突出海洋资源本身的属性和用途，采用根据属性和用途对海洋资源进行分类，以便于对海洋资源的研究、开发利用和保护。

1. 海洋生物资源

海洋中的生物资源是极其丰富的。一滴海水内就含有无数的微小生物，正是这些微小生物，构成了海洋中的初级生产力，是各种海洋动物赖以生存的食物。

地球上生物生产力每年约 8800 亿吨有机碳，其中海洋生物生产力每年约为 4300 亿吨，约占一半。海洋中生活着 16 万 ~ 20 万种动物，其中鱼类 2.5 万多种，软体动物和甲壳动物 4 万多种。据估计，在不破坏生态平衡的情况下，海洋每年可向人类提供数亿吨鱼类。而目前的世界渔业产量每年只占可捕量的 1/3。其中 80%来自水深不到 180 米的大陆架海区 (或浅海产量占其中的 80%)。

海洋丰富的生物资源

世界未来的食品库

磷虾，海生种，分布广，数量大，是许多经济鱼类和须鲸的重要饵料，也是渔业的捕捞对象。南极磷虾的资源丰富，估计南大洋有若干亿吨。被誉为“世界未来的食品库”，目前年产量50多万吨。中国产量最大的是黄海的太平洋磷虾。磷虾有明显的集群性，是形成声散射层的主要浮游动物，在海洋水声物理学研究中受到很大重视。

海洋生物的另一重要部分就是植物。有人估计，仅藻类就有10万种之多。海洋生物资源重要的特点之一，在于它们能再生，可更新。正因为如此，它是人类潜在的巨大食物资源。海水中生长着的植物，产量较大的主要是褐藻和红藻。单是供人类食用的就有几十余种。许多藻类具有很高的食用价值，含有20多种脂溶性和水溶性维生素，其中包括浓度特别高的维生素B_2，还有一般植物中所没有的维生素B_{12}，也含有少量的人体不可缺少的金属元素等。从长远看，将来的海产品数量将会占人类所需要蛋白质的80%，而目前人类每年从海洋中捕获的水产品只有6000万吨左右，仅占世界人口消费动物蛋白质的15%。实际上，海洋提供食品的能力很大。有人推算，海洋给人类提供食物的能力，等于世界上所有耕地面积农产品产量的1000倍。

海产品的营养价值很高，据研究，每100克鱼肉中有10.6克赖氨酸，而每100克奶、肉或蛋类的赖氨酸的含量，分别为7.8克、8.5克和7.2克。100克小麦和大米的植物蛋白质仅有2克赖氨酸(蛋白质中赖氨酸的含量是衡量各种蛋白质质量的一个重要标志)。因此，利用鱼类蛋白质作为食物就显得十分重要。

海洋每年都在为人类提供巨量的食物。海洋，是人类所需要的动、植物蛋白的主要来源之一。

因此，世界上一些先进国家，在巩固和发展近海渔场的基础上，纷纷向深海远洋进军。围绕这一任务，渔业技术、渔业调查技术、新渔场勘探技术、深海捕捞技术，以及利用卫星、遥感、声学和光学诱

海边渔场

沿海滩涂

捕技术的研究等发展起来。

我国渔业资源十分丰富。海洋鱼类1500多种，主要经济鱼类有几十种。大黄鱼、小黄鱼、带鱼、墨鱼是我国著名的四大海产。

在发展海洋捕捞的同时，世界各国非常重视海水养殖，从以捕捞为主转为以养殖为主，和原始人类由采集捕获野生动植物转为种植和放牧一样，这是一个伟大的转折，日本“海洋牧场计划”，决定将所有河口、海湾建设成由电子计算机控制孵化场、海藻场、鱼礁、牡蛎养殖场等自动化综合养殖场。

我国的海水养殖也有很大发展。现在已成为世界海水养殖的第一大国，沿海滩涂宽广，适宜养殖的面积广大，可养鱼虾贝藻以及鲍鱼、海参等海珍品，具有优越的养殖条件。

2. 海水化学资源

海水化学资源是指深存于海洋巨大水体中的各种化学元素(包括各种金属和盐类)。在海洋资源中，利用潜力最大的是海水中的化学资源。迄今为止，人类已经在地球上发现了100多种元素，其中有近80种已在海水中找到。海洋是镁、溴和钾的主要源地，氯化镁是海水中最丰富的溶解盐之一，每立方千米海水含镁130万吨。每年从海水中

提取的镁约26万吨，占世界总产量的60%。海水中镁的含量如此巨大，以至如果以镁代铁，足够人类用1000万年。地球上的溴，90%蕴藏在海水中。1千克海水中约含溴65毫克，海水中的总溴含量约为1000亿吨。

原子能工业中的重要燃料铀，在海水中属于微量元素，每升海水约含3.3微克，海洋中铀资源约42亿吨，相当于陆地上储量的4200倍以上。

海水中溶解的物质数量最大的是食盐，即氯化钠，其总量约4×10^8亿吨。食盐不仅是人们日常不可缺少的调味品，而且是化学工业的重要原料，具有非常广泛的工业价值。所以，盐又被称作“化学工业之母”。

落日余晖下的盐场

人们对海水化学资源的利用早已开始，到目前为止，从海水中生产淡水、重水、食盐、镁、钾和一些化合物以及溴等都已达到工业化的水平。一些化学元素的总含量是巨大的，但单位海水中的含量却非常稀少。

从海水中提取各种元素的研究特点是综合利用。如从海水淡化后浓缩的海水中提取钠、钾、镁等各种元素，可一举多得，增大经济效益。

3. 海底矿产资源

海底矿产主要有滨海砂矿、海底沉积矿床和海底岩矿。目前，经济意义最大的是海洋石油、天然气资源、大洋锰结核和热液－沉积矿床等。

(1) 石油

海底石油主要分布大于大陆架、大陆坡的第三纪沉积层很厚的一些小海盆区。一般来讲，石油在海底聚集，必须具备很厚的沉积物及储油地质构造。在大陆架和大陆坡上，分布着许多有利于石油聚集的沉积盆地，发育着有利于石油储集的储油构造。因此，大部分的大陆架大陆坡均是石油远景区。

在世界3.61亿平方千米海洋区域中，共有约2700万平方千米的海底区域，可以含有油气资源，目前已知的资源总量1000多亿立方米，每年的开采量为9亿～10亿立方米，占石油、天然气总量的30%左右。

据专家测算，陆地约32%的面积是可蕴藏石油、天然气的沉积盆地，而海洋里的大陆架(水深300米以内)则有57%的面积是可蕴藏油、气的沉积盆地，此外，大陆坡和大陆隆中也发现了油气资源。

法国的一个石油研究所估计，世界石油资源的最大储量为1×10^4亿吨，而可开采石油储量为3000亿吨，其中海洋石油占45%。世界天然气的总储量为140万亿立方米。1995年，世界海洋石油探明储量为381.2亿吨，天然气探明储量为38.9×10^4亿立方米。世界海洋石油产量达9.24亿吨，海洋天然气产量超过1×10^4亿立方米。

据有的专家估计，地球上的石油资源有半数以上埋藏在海底。根据迄今为止所做的大量工作发现，具有油气远景的近海盆地有328个，其中北美洲地区有95个，北极地区有21个，欧洲、西亚和非洲地区有80个。东亚、大洋洲和太平洋地区有132个。总面积5000万~8000万平方千米，其中大陆架沉积大约为2750万平方千米。其总开采储量为3180亿~3370亿吨，蕴藏在浅海大陆架的石油可达1550亿吨，天然气约为54亿立方米。

世界海洋水深在300米以内的海底面积约2600万平方千米，其中，约有60%以上是蕴藏石油、天然气很有希望的远景区。海底石油资源不仅限于大陆架，而且在含有较厚海相的第三纪沉积层的大陆坡、陆隆和小型洋盆。从最近的资料研究

海上石油钻井平台

表明，一些被大陆或岛屿部分封闭的小洋盆，也具有储藏油气的可能性，例如，墨西哥湾、日本海、地中海及南海等。

20世纪60年代末期，欧洲许多国家在北海海域陆续开始油气勘探，并使这个地区成为世界上油气勘探开发最活跃的地区。70年代初，全世界有75个国家在近海寻找石油，其中有45个国家进行海上钻探，30个国家在海上采油。到了80年代，全世界从事海上石油勘探开发的国家或地区超过100个。目前，世界各国在海上寻找石油、天然气的活动正在向纵深发展，在海洋找油、找气的调查，勘探工作不断扩大，海底油气资源的勘探、开发，已成为沿海国家重要的经济活动内容。

在四大洋及数十处近海海域中，石油、天然气含量最丰富的数波斯湾海域，占总储量的一半左右。第二位是委内瑞拉的马拉开波湖海域。第三位是北海海域。第四位是墨西哥湾海域。石油、天然气含量丰富的海域还有我国沿海，东南亚海域以及澳大利亚、西非等海区。

我国海域的油气资源是相当丰富的。它主要包括两大部分，一部分是近海大陆架上的油气资源，另一部分是深海区的油气资源。在我国海域已发现了18个中新生代沉积盆地，总面积约130多万平方千米，其中近海大陆架上已发现含油气沉积盆地9处，开采海区含油气沉积盆地9处。我国海域石油资源量500亿吨，天然气资源量为22.3万亿立方米。自20世纪60年代开始，我国开始进行海洋油气资源的自营勘探开发，80年代开始吸引外国资金和技术，进行合作勘探开发。我国的海洋石油天然气开发实行油气并重，向气倾斜，自营勘探开发与对外合作相结合，上下游一体化的政策，取得了重大进展。到1997年，我国已与18个国家和地区的67个石油公司签订了131项合同协议，引进资金近60亿美元，发现含油气构造100多个，找到石油地质储量17亿吨，天然气储量3500亿立方米，已有20个油气田投入开发，形成了海洋石油天然气产业。1997年，我国海洋石油产量超过1629万吨，天然气产量为40亿立方米。

海上天然气平平台

我国丰富的油气资源

在我国渤海、南黄海、东海、珠江口、莺歌海和北部湾海区存在着六大含油气盆地，这是我国海洋石油工业发展的前沿阵地。其中，渤海含油气盆地面积7.3万平方千米，是辽河油田、大港油田向渤海的延伸，也是华北盆地新生代沉积中心，沉积厚度达1000米以上。海域内有14个构造带和230多个局部构造，是我国油气资源比较丰富的海域之一。

(2) 锰结核

在大洋底部广泛蕴藏着一种很有开采价值的矿物——锰结核。

锰结核（又叫锰团块、锰矿球和锰矿瘤）是大洋底蕴藏的经济价值很高的海底矿产。其形状似马铃薯，直径一般在1毫米～20厘米，大洋中锰结核的总储量为5×10^4亿吨。它主要分布在3500～4500米的洋底表面。除三大洋外，在内海和大陆架也有发现，总储量约有3万亿吨。其中，锰4000亿吨、铜88亿吨、镍164亿吨、钴98亿吨，可供人类开采2万多年。而且它还有很强的再生能力，矿体总在慢慢地增长。其中每年增加的铜，可供世界用3年，钴可供世界用4年，镍可供世界用1年。特别值得指出的是，临近我国的太平洋蕴藏锰结核最多。据报道，太平洋北纬6°～20°、西经110°～180°之间的海域为锰结核的富集区。根据目前的技术水平，开采价值较大的矿区面积为225万平方千米，其矿物丰富程度在每平方米10千克以上。

海底锰结核

锰结核发现于1872年。这一年，英国的“挑战者”号调查船环球一周时，采集了大量的深海底样品，汤普逊等人在分析这些样品的过程中，发现了这一海底矿产。

第二次世界大战后，人们开始正式对锰结核进行调查研究。

1957 ~ 1958 年，国际地球物理年期间，美国弄清了锰结核在大洋底的大致分布情况。20 世纪 60 年代，美国、日本等国进行小规模取样。各国对锰结核的成因与形成过程进行大量研究工作，提出了各种各样的见解和假说，对开采技术进行了多方的试验。70 年代，进入了锰结核商业化开采的准备阶段。日本于 1978 年 3~5 月，采用气吸式和气压式在北太平洋低纬度带、水深 5000 米的海域进行开采。3 月 31 日开采时，锰结核源源不断地从大洋底吸到船上，最高开采速度达每小时 40 吨。美国建造了 3.6 万吨深海作业船，准备在 4000 ~ 5000 米深的太平洋底开采锰结核。

(3) 海底热液矿床

热液矿床是 20 世纪 60 年代中期发现的另一种海洋矿产。这种矿床也含有铜、银、铬、钼、铅、锌等多种金属，存在于大洋中脊扩张的裂缝区域。1977 ~ 1982 年，美、法和墨西哥等国在太平洋加拉帕戈斯群岛以东海底的扩张裂缝发现一个巨大的热液矿区。十年多来，已发现此类矿床 37 个。热液矿床一般位于 2000 ~ 3000 米水深的大洋中脊区，比锰结核富集区水浅，容易开发。而且矿物中含有金、银等贵重金属，是锰结核所不及的，加之其成矿周期短等优点，已引起了世界多数国家的关注，有人称之为“海底金银库”。

深海作业船

1974 年 7 月，美国和法国的海洋学家在大西洋中脊进行联合调查。当深海潜水器载着考察人员进入幽暗的大洋深处时，通过潜水器上的观察窗，观察到在大洋中脊的一些裂隙中，溢出了许多像打破的圆锥体的物体，有的像一卷卷棉纱，有的像一串串棉绳。这种现象立即引起了科学家们的关注，这些从洋脊裂谷中流出来的物质，正是被人们称之为“未来战略性金属”的海底热液矿床，也叫多金属软泥。经过科学家们的研究，热液矿床主要形成在大洋中脊的裂谷中。因为这里地壳较薄，熔融的岩浆从地球内部不断涌出，形成新的海洋地壳。这种地球内部来的物质，既含有多种金属，又有高的温度。当它们接近海底表层时，海水通过若干细小的裂隙向下渗透，与地球内部来的高温物质接触后，发生化学反应，使其中的金属析出来，形成富含金属的热水溶液。这些热液在洋底孔隙较大的地方以很高的速度喷出来，形成了一座座富含金属的烟筒状堆积物。它们的体积差别很大，有的高几十米，底宽数百米，小的则仅有 1 ~ 4 米，底面宽 5 ~ 15 米。喷出的高温热液与冷海水接触后温度降低，其中被溶解的金属沉淀在海底堆积成矿。这种热液矿床富含铁、锰、铅、锌、金、银等多种金属。

深海潜水器

经调查发现，全世界约有1亿平方千米的海底分布着软泥状的热液矿床，而且它们还是活矿床。据估计，它们以每 4 年增长 5 米的速度发展着。在这 1 亿平方千米的海底，金属软泥中所含的铜一项每年可净增 5 万吨。海底热液矿的发现，引起了世界各国的普遍重视。

(5) 可燃冰

天然气水合物又称甲烷水合物，是在高压低温的条件下，由水与天然气 (主要是甲烷) 结合形成的无色透明结晶体，由于它的外观看上去像冰，又具有很容易燃烧的特性，所以又称为“可燃冰”。

天然气水合物储藏在 300 ~ 4000 米深的海洋中、高纬度大陆地区永久冻土带以及水深 100 ~ 250 米以下的极地陆架海中，而以在海洋中为主。它是通过海洋板块的活动形成的，海洋板块下沉时，海底石油和天然气由板块的边缘涌上来，当在深海的压力下接触到冰冷的海水时，天然气就与海水形成水合物。水深500米的海底温度约为5℃，1000米的海底温度约为10℃，在这样的条件下，可燃冰能够保持稳定状态。

早在20世纪30年代，从事天然气研发的有关人士就已经知道天然气水合物的存在，60年代发现西伯利亚的永久冻土下有大规模的天然气水合物层。其后，正式开始进行利用人工地震波的地质勘探，相继发现了南北极圈的永久冻土层下和日本近海、加勒比海沿岸等大陆沿岸海底的天然气水合物。据推算，海洋总面积90%的海底具有形成天然气水合物的条件。科学家估计，海底可燃冰分布的范围约占海洋总面积的10%，相当于4000万平方千米。目前世界海域内有88处直接或间接发现了天然气水合物。

20世纪90年代末期，我国开始进行天然气水合物调查研究工作。1999年10月，由广州海洋地质调查局承担，国土资源部我国地质调查局首次在我国海域南海北部西沙海槽区利用高分辨率地震反射方法

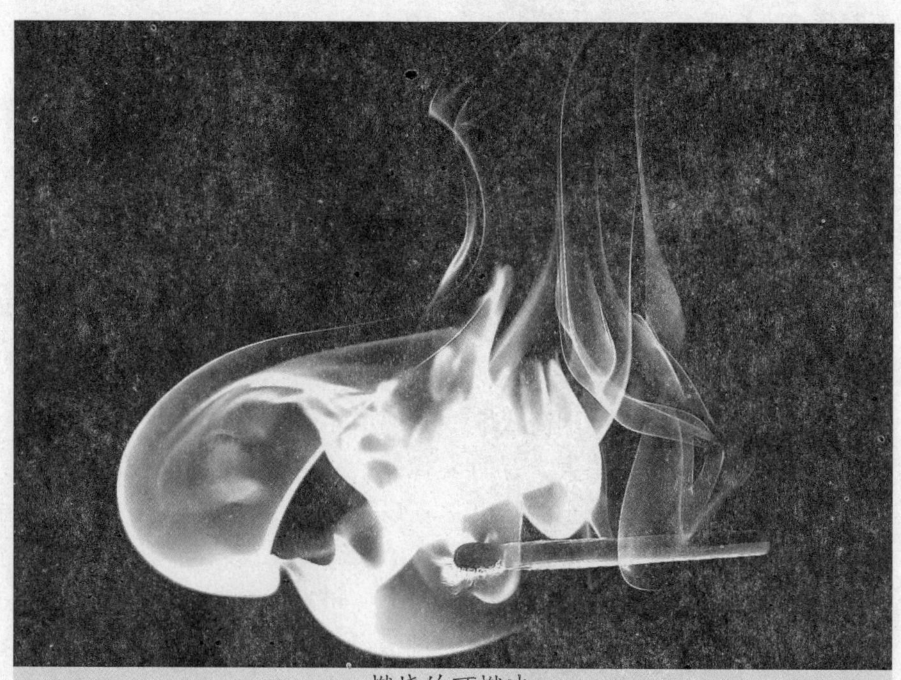
燃烧的可燃冰

开展天然气水合物前期试验性调查，获得了重大发现，调查工作达到世界先进水平。2000年，我国地质调查局广州海洋地质调查局继续在西沙海槽区进行天然气水合物资源调查工作，结果表明西沙海槽区是一个有利的天然气水合物远景区。2001年，我国地质调查局在东沙群岛附近海域也开展了调查工作。

可燃冰燃烧方便、清洁，其燃烧时释放的二氧化碳只有石油的一半左右，可减少环境污染，因此可能成为人类新的后续能源。但是，海底可燃冰的开采涉及复杂的技术问题，在开采过程中一旦出现差错，将引发严重的环境灾难。因为海底可燃冰分布面积很大，其分解出来的甲烷很难在某一地区内收集，而且一离开海床便迅速分解，容易发生意外。甲烷的温室效应比二氧化碳强10～20倍，一旦发生意外释放到大气层，将使全球温室效应问题更为严重。此外，海底开采还可能破坏地壳稳定，引发海底塌方甚至导致大规模海啸，带来灾难。

4. 海洋旅游资源

《联合国21世纪议程》中指出："海洋是全球生命支持系统中的一个基本组成部分，也是一种有助于可持续发展的宝贵财富"。随着陆域资源的开发利用，在陆上资源日益短缺的今天，海洋对人类的生存具有十分重要的意义。人们有必要在海洋区域去寻找新的经济发展空间。世界各国都十分重视海洋经济，许多国家和地区都提出了"向海洋进军"的口号。作为海洋产业中的重要组成部分，海洋旅游业已越来越受到世界各国的重视，已成为沿海国家竞相发展的重点产业。目前，世界各国都在自己的领海以及广阔的公海、大洋领域开发旅游资源，建设旅游基地，开辟了许多海洋旅游项目。世界海洋旅游事业正向广度和深度迅速发展，海洋旅游业已成为人类旅游活动的主要形式之一。

海洋旅游

我国位于地球上最大的大陆和最大的大洋两大板块交会之处，海岸线长达3.2万千米（含岛屿岸线

三亚海洋度假区

超过 1.4 万千米），海岸带滩涂超过 20×10^4 平千方米，岛屿 6500 多个，管辖海域近 300×10^4 平方千米（含内水、领海、毗连区、专属经济区），沿岸已开发有 1500 多处旅游娱乐景观资源，16 个国家历史文化名城和沿海港口城市群，25 个国家重点风景名胜，130 个全国重点文物保护单位，15 个国家海洋自然保护区。沿海开放地区又有着政策、经济、区位、科技、人才等方面的优势，发展海洋旅游的条件十分优越。

5. 海洋能

海洋能源主要包括波浪能、潮汐能、海水温差能、海流能、盐浓度差能、冰水温差能和海洋生物质能等。这些能源在形式上是有差异的。波浪能、潮汐能、海流能为机械能；海水温差能和冰水温差能为热能；盐浓度差能为化学能；浮游生物、海藻和海草等为生物质能。